网络数据库
应用技术研究

赵相国 著

中国水利水电出版社
www.waterpub.com.cn

内 容 提 要

本书以基于网络环境的数据库管理系统为主线,对网络数据库应用技术进行探究。从网络数据库的概念入手,探究了网络数据库应用的关键技术、网络数据库运行平台的建立、网络数据库管理系统 SQL Server、网络数据库应用开发等内容,并配以网络数据库应用的案例,具有很强的实用性,最后探究了网络数据库相关的几个热点问题。本书内容紧凑、结构合理,可供科技工作者与网络数据库应用系统开发人员阅读参考,是一本值得学习研究的著作。

图书在版编目(CIP)数据

网络数据库应用技术研究/赵相国著.--北京:
中国水利水电出版社,2014.11(2022.9重印)
ISBN 978-7-5170-2665-5

Ⅰ.①网… Ⅱ.①赵… Ⅲ.①关系数据库系统—研究
Ⅳ.①TP311.138

中国版本图书馆 CIP 数据核字(2014)第 257324 号

策划编辑:杨庆川　责任编辑:杨元泓　封面设计:崔蕾

书　　名	网络数据库应用技术研究	
作　　者	赵相国　著	
出版发行	中国水利水电出版社	
	(北京市海淀区玉渊潭南路 1 号 D 座 100038)	
	网址:www.waterpub.com.cn	
	E-mail:mchannel@263.net(万水)	
	sales@mwr.gov.cn	
	电话:(010)68545888(营销中心)、82562819(万水)	
经　　售	北京科水图书销售有限公司	
	电话:(010)63202643、68545874	
	全国各地新华书店和相关出版物销售网点	
排　　版	北京鑫海胜蓝数码科技有限公司	
印　　刷	天津光之彩印刷有限公司	
规　　格	170mm×240mm　16 开本　13.25 印张　237 千字	
版　　次	2015年7月第1版　2022年9月第2次印刷	
印　　数	3001—4001册	
定　　价	42.00 元	

凡购买我社图书,如有缺页、倒页、脱页的,本社发行部负责调换

前　　言

当今时代,信息技术飞速发展,信息呈现爆炸性增长,海量数据的处理成为数据管理人员所面临的一个重要问题。而数据库技术是信息技术的重要核心,通过它可以实现大容量的数据存储、快速的数据查询等。随着互联网的飞速发展,数据库的发展逐渐进入互联网时代。为了能够有效地组织、存储、管理和使用网上信息,Web 技术和数据库技术相结合,产生了网络数据库这一新兴的数据库应用领域。

如今,使用数据库系统存储数据并通过 Web 浏览器浏览数据已发展成为一种主流。用户可以轻松地存取及查看相应的数据。所有的数据库提供商都在增加相关数据库系统的互联网功能,使之更适于在互联网上部署。网络数据库技术逐渐被广泛地应用到众多领域。越来越多的人希望能够掌握这一技术,相关的开发人员的培养也成为一种趋势。为顺应时代主流,本书以基于网络环境的数据库管理系统为主线,对网络数据库应用技术进行探究。

全书共分 7 章。第 1 章从网络数据库的基本概念入手,阐述了常用的网络数据库管理系统、网络数据库应用系统体系结构与开发方法等内容;第 2 章着重分析网络数据库应用的关键技术,包括 CGI 技术、API 技术、ASP 技术、ODBC 技术、JDBC 技术、ADO 技术等;第 3 章重点讨论网络数据库运行平台的建立,包括系统软硬件环境的分析、IIS 服务器的配置、SQL Server 2008 的安装;为了提高网络数据的安全性和实时性,本书第 4 章采用目前尚且较为流行的 SQL Server 2008 作为后台数据库,对其基本操作进行分析;第 5 章为网络数据库应用开发研究,详细探讨了基于 C/S 和 B/S 两种网络数据库应用系统的开发技术、步骤等;第 6 章通过具体实例介绍了网络数据库应用系统的设计思路;第 7 章重点对半结构化数据、异构数据库系统、数据仓库及 Web 数据挖掘等热点问题展开分析研究。

本书的最大特点是:作者结合自身多年的教学及实践经验,合理地组织内容,做到内容紧凑、层次清晰、重点突出。

本书在撰写过程中,参考了大量计算机网络及数据库的相关书籍,同时还得到了同事的热情帮助,在此表示诚挚的谢意。由于网络数据库技术的飞速发展,加之作者水平和学识有限,书中难免有错误和不足之处,望广大读者和专家给予批评指正。

作　者

2014 年 6 月

目　　录

第1章 网络数据库技术概述

基于网络平台将网络技术和数据库技术结合起来是二者发展的共同趋势。一方面,数据库能够借助网络技术将存储的大量信息及时发布出去,另一方面,计算机网络能够借助数据库技术对网络中的各种数据进行有效管理。本章重点阐述网络数据库技术的基础知识,包括网络数据库的产生背景及概念、常用的网络数据库管理系统、网络数据库应用系统体系结构、网络数据库应用系统开发方法及发展趋势等内容,为后续章节的研究奠定基础。

1.1 网络数据库基础

1.1.1 网络通信协议

为共享计算机网络的资源,在网上交换信息,需要实现不同系统中实体间的通信。实体包括用户应用程序、文件包传送、数据库管理系统、电子邮件设备及终端等。计算机之间的数据通信必须遵守某种约定和规程,这些约定和规程就是网络通信协议。协议的 3 个要素,分别如下:

①语法(syntax)。数据和控制信息的结构或格式。

②语义(semantics)。需要发出控制信息,完成动作和做出响应。

③定时(tiruing)。实体通信实现顺序的详细说明。

在计算机网络的发展过程中,形成了多种不同的网络体系结构。如 SNA(系统网络体系结构)、Novell Netware、OSI/RM(开放系统互连参考模型)、TCP/IP 等,它们分别支持不同的网络协议。其中国际标准化组织(ISO)提出的 OSI/RM 及其使用的协议是研究计算机网络通信的基本协议,而 TCP/IP 是 Internet 使用的通信协议,也是目前使用最为广泛的一种协议。

1. TCP/IP 协议

TCP 协议(Transmission Control Protocol,传输控制协议)规定了分割数据和重组数据所要遵循的规则和要进行的操作。它能保证数据发送的正确性,并能对有损失的数据进行重新发送。

Internet 数据的远距离传送需要通过路由器一站一站的转接来实现。路由器是一种特殊的计算机,主要作用为检测数据包的目的地主机地址,决定数据包传送方向。IP 协议(Internet Protocol,网际协议)给 Internt 中的每一台计算机规定了一个地址,称为 IP 地址。IP 地址规定了当前使用网络的管理机构、网络地址、计算机地址等。

TCP/IP 是指以 TCP、IP 两个协议为核心的一组协议,称为 TCP/IP 协议簇,简称 TCP/IP 协议。它是 Internet 的核心技术,是实现互联网络的连接性和互操作性的关键。TCP/IP 把 Internet 上成千上万的网络互联起来,是 Internet 上所有计算机进行信息交互和传输所采用的协议。TCP/IP 协议为 Internet/Intranet 用户提供了各种服务。

TCP/IP 协议把整个网络分成 4 个层次:应用层、传输层、网络层和网络接口层,它们都建立在硬件基础之上。

(1)应用层

应用层是 TCP/IP 参考模型的最高层。应用层包括了所有的高层协议,并且会添加新的协议。

应用层协议主要有:

①远程登录协议(Telnet)。用于实现互联网中的远程登录功能。

②文件传输协议(FTP)。用于实现互联网中交互式文件传输功能。

③简单邮件传输协议(SMTP)。实现互联网中电子邮件收发功能。

④网络文件系统(NFS)。用于网络中不同主机间的文件系统共享。

⑤域名服务系统(DNS)。用于实现网络设备域名到 IP 地址的映射服务。

⑥超文本传输协议(HTTP)。用于在浏览器和服务器之间传输超文本页面。

(2)传输层

传输层也叫 TCP 层,主要功能是负责应用进程之间的端—端通信。传输层定义了两种协议:传输控制协议(TCP)与用户数据报协议(UDP)。

(3)网络层

网络层也叫 IP 层,负责处理互联网中计算机之间的通信,向传输层提供统一的数据包。它的主要功能是:处理来自传输层的分组发送请求;处理接收的数据包;处理互联的路径。

(4)网络接口层

网络接口层的主要功能是接收 IP 层的 IP 数据包,通过网络向外发送;接收处理从网络上来的物理帧,抽出 IP 数据包,向 IP 发送。该层是主机与网络的实际连接层。

2. HTTP 协议

HTTP 协议又称为超文本传输协议(Hyper Text Transfer Protocol,HTTP)是专门为 Internet 设计的一种网络协议,它属于 TCP/IP 参考模型中的应用层协议,位于 TCP/IP 协议的顶层。因此,它在设计和使用中以 TCP/IP 协议和其他协议为基础。例如,它要通过 DNS 进行域名与 IP 地址的转换,要建立 TCP 链接才能进行文档传输。

在 WWW 得到广泛应用之前,在 Internet 上都是 FTP 来传输文件的。FTP 需要使用两条 TCP 连接来完成文件传输,即控制连接(用于发出下载请求)和数据连接。可见,其传递信息的效率并不高。HTTP 恰好解决了这一问题,它只需建立一个连接就可以完成下载请求的传送,还可下载文件。

浏览器和服务器用 HTTP 协议来传输超文本页面,HTTP 基于客户/服务器工作模式。

1.1.2　网络数据库技术产生的背景

20 世纪 80 年代以来,计算机网络的应用呈爆炸性增长,随后 Internet 被广泛应用于各个社会领域,成为一项具有深刻影响的科学技术。基于 Internet 的 World Wide Web(简称 3W 或万维网)可以以浏览器、超文本和超媒体的链接将整个世界联系在一起。在众多的计算机应用系统开发者对 Web 技术的认真研究之下,形成了一系列基于 Web 技术的计算机应用系统。Web 技术为网络数据库应用系统的产生提供了一种全新的应用模式。

目前 Web 信息系统为全球的公司企业、高等学校、科研部门、娱乐场所以及普通家庭都带来了极大的便利,为人们的生活创造了无限可能,如利用网络可以购物、购票、办公、博弈和进行军事对抗实战模拟等。

Internet 是一个巨大的计算机集合,是将分布于世界各地的网络互连起来形成的全球性的大型互联网络。TCP/IP 协议是实现网络互连的关键。连接在 Internet 上的计算机及相应设备通过该协议相连,实现相互之间的通信,而网上的各个设备以 Internet 协议(IP)地址进行区别。而促进 Internet 发展的因素之一就是 Web 技术。

Web 是一个巨大的文档集,可以描述为在 Internet 上运行的、全球的、交互的、动态的、跨平台的、分布式的、图形化的超文本信息系统。这些文档通过链接(1ink)相互连接,由 Web 服务器存储。通过 Web 浏览器用户可以方便地浏览 Internet 上的信息。

　　Web 的出现使传统的数据库技术发生了质的变化。在分布式环境下，数据库系统通常安装在 Internet(或 Intranet)上，然而 Web 动态网页的数据格式是无结构或半结构的，无法对传统的数据库(关系、网状或层次)的数据格式进行访问，这就使得通过 Web 浏览器实现对各种不同的数据库数据的双向交互成为亟待解决的问题，这也正是 Web 数据库技术的核心问题。

1.1.3　网络数据库的基本概念及特点

　　计算机网络最基本的特点是资源共享，而数据库技术在目前而言则是计算机处理与存储数据的最有效、最成功的技术。网络数据库就是这两种技术的结合，即网络数据库＝数据＋资源共享。

　　网络数据库也叫 Web 数据库，它以网络中数据库服务器为基础，通过客户端应用程序完成数据存储、查询等操作，借助网络技术将存储在数据库中的大量信息及时发布出去；而计算机网络则借助于数据库技术对网络中的各种数据进行有效管理，实现用户与网络中的数据库的实时动态数据交互。

　　网络数据库系统的基本组成包括客户端、服务器端、数据库管理系统、连接客户端和服务器端之间的网络这四个元素，它们是组成网络数据库系统的基础。

　　如今，在局域网、广域网以及 Internet 上都应用了网络数据库技术。例如当前互联网上应用最多的基于 B to C、B to B 模式的电子商务网站，各种基于企业局域网及广域网的信息管理系统、新闻发布系统、在线咨询系统等。不管是简单的网站留言簿、网上调查、论坛，还是大型复杂的电子商务网站，它们都是采用网络数据库来实现信息数据存储的。

　　网络数据库与传统数据库的目的都是实现数据的存储、管理与共享。而网络数据库的不同具体体现在以下几点：

　　①运行环境为网络操作系统，数据库系统管理为分布式，前端开发工具和后台数据库可独立分离。

　　②数据资源的共享范围更广。由于计算机网络范围可以是局部的、地区的、或全球的，因此网络数据库中的数据资源可以被共享到网络中的任何地方。

　　②数据的处理和管理更方便、高效，数据传输更快、更好。

　　③数据资源的使用更灵活。基于网络的数据库应用系统开发，数据资源的使用非常灵活，可以根据软硬件和网络环境的不同组合成多种工作模式；前台数据库应用程序的开发，既可以用 Visual Basic. NET、C＃等多种应用程序开发语言实现，也可以用 ASP. NET 或 Java 等多种跨平台开发语言实现。

④支持超大规模数据库技术、Internet 并行在线查询、多线程服务器等。24 小时不停机,通过互联网为世界各地授权终端用户提供服务。

⑤系统使用的费用更低。网络数据库中的数据供网络中的所有用户共享,每个用户不必拥有网络数据库照样可以通过浏览器使用其中的数据,从而大大降低了对计算机系统的要求,每台计算机的可用性也随之提高。

⑥数据的安全性、保密性要求更高。网络数据库提供了完备的数据安全性方案,以及完善的数据库备份和恢复手段,从而降低网络数据库遭受破坏和不安全的几率。

1.2　对几种常用的网络数据库管理系统的分析阐述

应用计算机进行数据处理的技术经历了 3 个不同的发展阶段:程序数据处理技术、文件数据处理技术、数据库数据处理技术。如今所有的数据处理应用系统都是采用数据库数据处理技术实现的。而这种采用数据库数据处理技术实现的数据处理应用系统,在网络环境下可以称为网络数据库应用系统。

数据库管理系统(Data Base Management System,DBMS)能够为设计完善的数据库应用系统提供必要的支持。下面对几种常见的数据库管理系统进行分析阐述。

1. Access 数据库管理系统

Access 是 Microsoft Office 中的一个组成部分,是基于关系型数据库模型建立的数据库管理系统软件(DBMS),适用于小型商务应用。由于是被集成到 Office 软件中的,所以有菜单、工具栏等 Office 系列软件的一般特点,从而操作起来也就更加简单。Access 能够帮助用户方便地得到所需信息,并提供强大的数据处理工具;能够帮助用户组织和共享数据库信息,有助于根据数据库信息作出有效的决策;它具有良好的二次开发支持特性。

Access 能够为个人使用的独立桌面数据库或者部门、公司使用的网络数据库提供有力的支持。它既能创建数据对象、进行数据管理,还能创建用户界面的数据库管理系统。Access 不仅包括各种传统的数据库管理工具,而且增加了与 Web 的集成,更便于不同平台、不同用户级之间数据共享的传递。另外,它还包括一些附加的对易用性的改进,可以帮助提高个人的工作效率。

Access 提供了多种可视化操作工具及向导,可以方便、快捷地构造出一个具有完备功能的数据库管理系统,并且可以在小型网络数据库应用系统中作为后台数据库管理系统。

2. SQL Server 数据库管理系统

SQL Server 是一种基于客户机/服务器的、具有强大功能的、可扩展的关系型数据库管理系统,可以作为大规模在线事务处理(On Line Transaction Processing,OLTP)、数据仓库和电子商务应用程序的数据库平台。

SQL Server 使用客户机/服务器体系结构,服务器和客户机各自承担不同的任务。其中,客户机应用程序负责商业逻辑和向用户提供数据,服务器管理数据库和分配可用的服务器资源。SQL Server 提供的服务:SQL Server 服务,就是 SQL Server 的 RDBMS;SQL Server Agent 服务,用于管理任务、警报和操作员;Distributed Transaction Coordinator(MSDTC)服务,用于管理分布于两个以上的数据库、消息队列或文件系统,协调多服务器之间的事务一致性。

SQL Server 具有的特点:高性能的设计,先进的系统管理,超强的事务处理能力。在网络数据库应用系统中,它可以作为后台数据库管理系统。

3. Oracle 数据库管理系统

目前,Oracle 是由在数据库领域处于领先地位的 Oracle 公司提出的、具有强大功能的关系数据库管理系统。它适合大、中、小型机等几十种机型,以操作的简易性、可拓展性和先进的网络特性与管理能力受到大家的青睐,并发展成为世界上使用最广泛的关系数据系统之一。

Oracle 数据库产品具有以下特点:

①可移植性。可运行于范围很广的硬件与操作系统平台上,可安装在不同机型,并可在 DOS、UNIX、Windows 等多种操作系统下工作。

②兼容性。采用了标准的数据查询语言 SQL,提供了读取其他数据库文件的方法。

③可连接性。能与多种通信网络相连,支持各种协议。

④高效性。提供了多种开发工具,便于用户进一步的开发。

具有如此之多的优良特性,同样,在网络数据库应用系统中,它可以作为后台数据库管理系统。

4. Sybase 数据库管理系统

Sybase 是 Sybase 公司开发的、面向联机事务处理的关系型数据库管理系统(RDBMS)。Sybase 有不同的版本,可以运行于不同的系统环境下。

Sybase 具有高性能、高可靠性且功能强大的特点,具体表现在以下方面:

①它是世界上第一个真正基于 C/S 结构的关系数据库管理系统产品。

②Sybase 数据库服务器支持诸如数据仓库、联机事务处理、决策支持系统和小平台应用等企业内部各种数据库应用需求。

③Sybase 数据库具有多库、多设备、多用户、多线索等特点,这极大地丰富和增强了数据库功能。

④Sybase 为用户提供了良好的开发工具和开发环境,支持组件创建和快速应用开发。

由于 Sybase 数据库系统极为复杂且具有很多功能,因此 Sybase 数据库系统管理也就变得十分重要,这直接关系到数据库系统的性能。

1.3　网络数据库应用系统体系结构的发展变化研究

数据库的体系结构是指带有数据库系统的计算机系统中各组成部分之间的相互关系,是硬件、软件、算法、语言的综合性概念。研究数据库系统的体系结构就是要对它的硬件分布和软件的功能分配进行研究。从数据库系统开发的角度开看,站在系统的高度,以统一的体系结构作为指导,对系统软硬件分布和功能分配进行认真地规划,对于建立一个逻辑清楚、易于开发和维护的数据库系统是很有帮助的。可以说,选择正确的体系结构对于整个数据库系统的成功将起到重要作用。

Internet/Intranet 技术发展可谓日新月异,越来越多的数据库应用软件运行在 Internet/Intranet 环境下。数据库应用系统的发展经历了以下过程:单机结构、集中式结构、客户机服务器(Client/Server,C/S)结构、浏览器/服务器(Browser/Server,B/S)结构、多层结构。在构造一个应用系统时,首先考虑的是系统的体系结构,采用哪种结构取决于系统的网络环境、应用需求等因素。对网络数据库应用系统体系结构的探究、理解有助于应用系统的构建。相信在未来,随着计算机网络技术的发展和实际应用环境的需要,网络数据库的体系结构必然会发生新的变化和拓展。

1.3.1　简单的单机与集中式体系结构

1.单机结构

单机结构,其特点为所有功能都存在于单台 PC 机上,适合未联网用户、个人用户等。目前比较流行的 DBMS 有 Microsoft Access、Visual FoxPro 等。

2.集中式结构

20 世纪 80 年代以前,由于硬件性能和应用条件有限,数据库系统多采用集中式主机结构,亦称主机/终端模式,适用于采用大型主机和多个终端相结合的系统。这种结构将操作系统、应用程序、数据库系统等数据和资源均放在大型主机上,而连接在主机上的许多终端,只是作为主机的一种输入输出设备,提供相对简单的数据显示功能,用户通过本地或远程终端来访问主机数据库。只提供对数据的简单输入和显示功能而没有处理能力的终端称哑终端。

它的优点为具有很强的处理能力、方便的资源共享、高度集中的控制和管理;不足之处为价格昂贵、响应时间随用户终端数的增加而增加、难以满足所有用户的各类需求、用户界面功能简单等。总之,集中式结构存在很大弊端,随着计算机软硬件和计算机局域网技术的发展,这种结构逐渐为客户机/服务器模式所取代,数据库结构也从集中式主机结构发展到 C/S 体系结构。

1.3.2 基于 Web 的数据库系统分层体系结构

目前,基于 Web 的数据库系统体系结构主要分成两大类,即客户机/服务器(client/server,C/S)模式和浏览器/服务器(brower/server,B/S)模式。

1.客户机/服务器(C/S)体系结构

客户/服务器模式产生于 20 世纪 80 年代,它是一个或多个客户机和一个或多个服务器(网络、文件、数据)以及操作系统和进程间的通信系统,允许分布式计算、处理、显示和打印。

客户机/服务器体系结构根据架构方式的不同又分为两层和三层结构。

(1)两层的 C/S 模式

在计算机网络环境下,这种结构在整体上被分成两个逻辑部分,各部分充当不同的角色,完成不同的功能。其中,一个是"客户机",由一般的微机担任,主要为完成特定的工作向服务器发出命令;另一个是"服务器",主要处理客户机的请求,并返回处理的结果。二者之间采用网络协议进行连接和通信,由客户端向服务器发出请求,服务器响应请求,并进行相应服务。早期的 C/S 模式采用两层结构(two-tier),其中,数据层放在服务器一端,表示层放在客户机一端,应用层可以放在服务器或客户机上。若 C/S 结构的应用层放在服务器上,则又称为"瘦"Client/"胖"Server 结构;若应用层放在客户机上,则又称为"胖"Client/"瘦"Server 结构。客户工作站与处于中心地位的数据库服务器相连接,如图 1-1 所示为典型的两层C/S结构。

存储过程是 C/S 领域中使用最普遍的应用层的实现方案。把应用程序的业务逻辑加以归纳处理,封装成预编译的存储过程放在数据库服务器上,前端界面程

序和根据需求设计的触发器可以请求调用相应的存储过程,而被请求执行的存储
过程在服务器上全速运行,获得的性能优势非常明显,并且易于维护和修改。

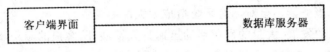

图 1-1　C/S 模式

在分布式处理中,C/S 使用网络通信模式。该通信模式在客户端与服务器之
间定义了一系列通信协议,并创建了 Socket 类,建立链接。客户端与服务器在这
条链路上传输数据,客户端发出请求并传送至服务器端,然后根据服务器回送的处
理结果进行分析,最终显示给客户,其结构如图 1-2 所示。

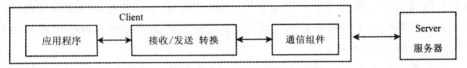

图 1-2　C/S 的通信模式

C/S 的两层结构模型可以合理均衡事务的处理,充分保证数据的完整性和一
致性,并充分发挥计算机网络的优势,最大限度地使资源得以利用,提高计算效率
和降低网络传输量,从而使系统具有较高的事务吞吐量和较短的事务响应时间。
它具有稳定性好、安全性高、效率高等优点。C/S 体系结构在数据处理中占有极为
重要的地位。它的优点具体表现在以下几个方面:

①协同性。客户端是负责与网络客户的交流,并向服务器提出数据服务请求;
服务器则执行请求的操作,仅向客户端提供要求的数据;而中间件则是服务器和客
户机的连接和支撑平台。这样能够充分发挥客户端和服务器端各自的优势。

②高效性。由于客户机通过命令或查询请求服务器完成大型计算或运行大型
应用,服务器处理后只是返回最终结果给客户机。因此,整个过程传输的数据量很
小,能够在减轻网络负担的同时保证大量的数据处理工作悉数完成。

③共享性。由于一个服务器可以同时服务于多个客户机,故多个客户机可以
同时最优化的共享服务器资源,如 CPU 资源、数据存储能力等。

④不对称性。客户机主动发出请求,服务器被动接收用户请求并将处理后的
结果返回给客户机。二者之间是一种多对一的主从关系。

⑤透明性。所谓透明性是指某一实际存在的事物看来却好像不存在一样。客
户机与服务器的通信可以独立于服务器平台与网络平台,在一个多服务器的环境
中,客户机不必知道是哪台服务器提供的服务,更不必知道服务器的具体位置,就

可以请求服务器的服务。

⑥可扩展性。基于 C/S 结构的系统方便的进行水平或垂直方向的扩展,添加新的客户机或服务器不会对原有系统造成太大的影响。

随着网络的发展,大量的商业活动迅速且频繁展开,客户的应用环境时刻发生着变化,且客户可能来自世界各地。在这种网络环境下,基于 C/S 体系结构的数据库系统存在越来越多的缺陷,主要有以下几个方面:

①客户端直接与数据库相连,加大了应用程序对数据库模型的依赖性。这就使得当数据库中的数据发生改变时,应用程序不得不重写,从而降低了 C/S 模型的可扩充性。如在商业领域中,企业必须要随时调整自己的经营策略来适应瞬息万变的市场从而才能在竞争中立于不败之地,而传统的 C/S 结构对于应用规则经常发生改变的情况不具有良好的灵活性,不能够及时调整分布在各个客户机上的应用层以适应竞争的需求。

②随着应用程序的不断增多和复杂化,客户端的功能越来越多,系统越来越庞杂,这就使得客户端存储了许多与表示层任务无关的数据,导致"肥客户端"问题,这使得硬件成本不断增加。同时,服务器的功能也难以满足数据处理的要求。

③软硬件的更新换代非常频繁,带来了广泛的信息异构性。这种异构性不仅体现在计算机硬件平台、操作系统和网络连接等方面,还体现在数据库管理系统从概念模式到物理模式以及由此引出的数据库类型、数据库结构等的不同。由于两层 C/S 结构缺乏统一的国际标准,因此实现整个系统的移植也会耗费大量的时间、精力,因而造成应用程序的移植性不够理想。由于应用程序直接与数据库通信,应用程序中的对象无法在其他应用程序中应用,也就是说加大了对象重用的困难。

当客户端数量过大、请求过于频繁时就会大大增加数据库服务器的负担。这时候就提出了在客户机和数据库服务器之间增加功能服务器的方案。这就促成了三层 C/S 模式的形成。

（2）三层的 C/S 结构

针对二层 C/S 体系结构的缺陷,三层的 C/S 模式结构(图 1-3)是将客户端与用户界面无关的功能移到第 2 层,这时,三层结构是由表示层、应用层和数据层构成。

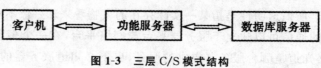

图 1-3　三层 C/S 模式结构

三层的 C/S 结构由传统的二层 C/S 结构发展而来,其系统资源和应用任务的分配更加合理。它又将功能集中到服务器之上,而又不同于以主机为主的集中式结构的完全的高度集中,只是将主要的数据库处理交给应用服务器和数据库服务器等服务器去做,在各个服务器之间寻求一种功能分割的合理性。与 C/S 体系结构相比,它的功能分布更分散,一方面解放了客户端,使客户机变得很"瘦";另一方面又将每个服务器的功能分散到功能服务器和数据库服务器上,使得每个服务器的功能更为专一,避免使服务器变"胖"的可能。需要说明的是三层的 C/S 结构是逻辑的而非物理的。

①表示层。即为客户机驻留用户界面层。该层是用户与系统交互的接口部分,主要用于用户的输入和输出数据。

当该层需要修改时,只需改写显示控制与数据的检验程序。检验的内容只涉及数据的格式或取值范围,不包括应用程序的业务处理逻辑,因而不会对其他两层产生直接的影响。

②应用层。即功能服务器存放业务逻辑层。该层是应用程序的主体,包括数据库在数据层外的全部数据分析、统计、汇总及打印等功能的处理过程。

通常情况下,表示层与应用层的数据交换较简单,应尽量避免在业务处理时,表示层与应用层之间的数据频繁交换,以提高工作效率。

③数据层。即数据库服务器存放数据库服务层。该层是 DBMS 和数据库本身,主要负责对数据库中数据的读、写、删、改、查询等操作。

在三层 C/S 结构中,应用系统的表示层放在客户端,应用层放在应用服务器上,数据层放在数据库服务器端。这种结构的硬件系统更为灵活,当数据库的数据结构甚至体系结构发生变化时对客户端及应用服务器端的应用组件也不会造成影响。在三层 C/S 结构的各层可以选择与其处理负荷和处理特性相适应的硬件,从而合理地分割三层结构并使其独立,这样使系统的结构变得简单清晰,程序的可维护性随之提高。应用的各层可以并行开发,各层也可以选择各自最适合的开发语言。

与 C/S 结构相比,三层 C/S 结构的性能更加优良,主要体现在以下几个方面:

①由于客户通过功能服务器同数据库服务器连接,而各个应用程序可以共享与数据库的连接,从而使并发数据库用户的数量减少,数据库的负担随之减轻,性能得到提升,同时也实现了对大量用户(终端用户)的支持。

②由于传统的两层结构主要的处理和计算在客户机端,在完成系统的各种功能时往往会导致客户端过于庞大,负载太重。而三层结构中,中间层承担了相当大

一部分的处理工作,在数据发送到客户端之前先经过应用层过滤,使网络的通信量大大降低。

③应用服务器可以被不同平台的客户访问,可移植性更高,开发时间更短,资金投入更少。

④具有更好的灵活性、可扩展性,对于环境和应用条件经常变动的情况,只要对应用层实施相应的改变,就能够达到目的。

⑤由于三层 C/S 结构将客户机和数据服务器分离开来,终端用户不用直接面对数据,只要功能服务器提供相应的加密技术和安全控制就能够比 C/S 结构具有更好的安全性。

总之,三层 C/S 结构具有可伸缩性好、安全性高、可管理性强、软件重用性好和易于开发维护等优点。随着分布式技术的不断发展,许多企事业单位采用了三层的 C/S 结构。需要注意的是:当功能服务器配置很弱的功能软件时,三层的 C/S 结构则还原为二层结构,此时客户机上驻留的表示层软件任务繁重,会形成一个庞大的应用软件,被称为胖客户结构;反之,客户机上驻留的表示层软件任务轻松,会成为一份小巧的应用软件,被称为瘦客户端软件。应根据应用系统具体环境的不同,对两种结构的优劣进行判别。

2.浏览器/服务器(B/S)体系结构

Web 的 B/S 结构使 C/S 结构中表示层不统一的问题得到了很好的解决。Web 浏览器是跨平台的,而且能提供文本、图形、图像、视频、音频等服务,是客户机用户界面的最好的选择。客户机上安装统一的用户界面 Web 浏览器,而 Web 服务器提供数据的管理和存储,这种 Web 浏览器与 Web 服务器交互的数据处理模式又称为 B/S 体系结构,B/S 结构是在 C/S 结构基础上更进一步的数据处理模式,它具有用户界面统一、易于使用、维护简单、扩展方便、信息共享度高等优点。

B/S 结构是将 Web 技术与 C/S 结构技术相结合的模式,采用这一模式可以实现数据库应用系统开发环境与应用环境的分离。随着 Internet 的发展,以 Web 技术为基础的 B/S 模式的先进性日益凸显,这一全新的技术模式被逐渐应用于网络数据库应用系统。

B/S 模式通常采用三层结构,由浏览器、Web 服务器、数据库服务器组成,如图 1-4 所示。它用 Web 浏览器取代客户端的表示层,用户的所有操作都是通过它进行的;应用服务器又称为 Web 服务器,作为应用层,大量的业务处理在这里进行;数据库服务器作为数据层。这样,浏览器与 Web 服务器之间相当于终端机与主机模式,而 Web 服务器与数据库服务器之间是一种 C/S 数据库模式。

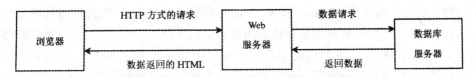

图 1-4　典型的 B/S 模式三层逻辑结构

Web 服务器是该结构的核心部分。B/S 模式工作原理是：用户以浏览器的表单方式向 Web 服务器发送请求（以 HTTP 协议方式）；Web 服务器收到请求后，也向数据库服务器发送数据请求；数据库服务器处理由 Web 服务器发来的请求后，将数据处理结果返回给 Web 服务器；Web 服务器将结果翻译成 HTML 格式或相应脚本语言的格式，回传给给出查询请求的浏览器。

B/S 结构是 C/S 结构的继承和发展，它是 Internet 技术和数据库技术相结合的过程中形成的数据库系统体系结构，代表了当前数据库应用软件技术发展的趋势，是目前人们开发 Web 数据库系统普遍采用的数据库系统结构。与 C/S 结构相比，B/S 结构模式的主要优点有以下几点：

①采用 Internet 浏览器作为表示层，一方面，界面较统一，操作简单，便于维护和升级；另一方面，Internet 支持较底层的 TCP/IP 协议，可以做到与所有局域网的无缝连接，彻底解决了异构系统的连接问题。

②B/S 结构采用"瘦客户端"策略，系统开放性得到很大改善，系统支持多用户运行。它还解决了 C/S 结构中客户端程序的异构性和跨平台性，完全实现了跨平台访问计算机及其网络上的各种资源，同时也延伸了客户机和服务器的物理距离。

③由于系统的功能分配在不同的服务器上，原系统的维护和扩展变得更加容易。只需开发维护服务器应用程序，无需开发客户端程序，服务器上所有的应用程序都可以通过 Web 浏览器在客户机上执行，从而统一了用户界面。

B/S 模式的最大特点是系统具有扩展功能，支持异构系统和异构数据库。这一功能往往是通过应用服务器扩展技术实现的，如微软的 ASP 等。然而这种扩展技术，对于大批量实时数据的更新或一对多关系的实现，以及大量数据图表的显示还存在相当大的困难。

3. B/S 与 C/S 的比较及混合使用

B/S 与 C/S 是软件开发模式的两大主流技术，由于应用领域及侧重点的不同，二者分别占有一定比例的市场份额与客户群。

B/S 架构源于 C/S 架构，在 C/S 结构的基础上将客户机统一安装成 Web 浏览器，从而解决了 C/S 结构中表示层不统一的问题。二者之间有联系也存在着一些区别。C/S 架构采用 Intranet 技术,适用于局域网环境;C/S 架构可连接的用户数量有限,并且当用户数量增多时性能出现明显的下降;C/S 架构在客户端都需要安装应用程序;采用 C/S 架构的系统在扩展维护方面较为复杂;C/S 架构开发的费用较低,并且周期也相应较短。B/S 架构技术适用于广域网环境;B/S 架构能够支持更多的用户数量,并且还能够根据访问量动态配置 Web 服务器以保证系统性能;B/S 架构在客户端只需要标准的浏览器;采用 B/S 架构的系统在扩展和维护方面相对来说比较简单;B/S 架构的开发费用较高,并且周期较长。

通过上述分析可知,B/S 模式相对传统的 C/S 模式而言技术先进、使用方便、易于维护、投资成本费用较低,但是安全性相对较差,且对服务器的数据符合要求较高。二者的硬件环境不同、安全要求不同、程序架构不同、对操作系统平台要求不同、信息处理量不同。在实际系统中,往往根据需要灵活地将 C/S 结构和 B/S 结构的两种模式结合起来运用,发挥二者的各自优势,即形成 B/S 与 C/S 的混合模式。

在 B/S 与 C/S 的混合模式下,当需要处理大批量实时数据和大量数据图表时,子系统中保留 C/S 结构;而在以 Internet 上的数据查询为主的子系统中,仍然使用 B/S 结构的工作方式。这样的模式结合克服了各自的不足,满足了更多的要求,增加了使用的范围,有助于开发出更加安全可靠,灵活方便,具有高效率的数据库应用系统。如图 1-5 所示为基于 B/S 与 C/S 混合模式架构的数字图书馆管理系统。

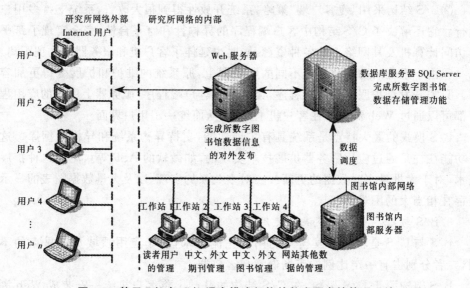

图 1-5 基于 B/S 与 C/S 混合模式架构的数字图书馆管理系统

1.3.3　Internet/Intranet 应用趋势——多层体系结构

在实际应用中,C/S 模式的中间层还可以进一步分为两个或两个以上的层次,从而形成多层体系结构。多层结构应用软件具有较好的可伸缩性、较强的可管理性、较高的安全性、较好的软件重用性等,这是它与传统的两层结构应用软件相比所存在的优势。在 Internet/Intranet 环境下构建应用软件体系结构是一个极为重要的问题,也成为如今软件体系研究的一个新热点。

通过上述分析可以知道,三层是最经典的架构包括表示层、业务逻辑层、数据访问层。Sun 公司最先提出了多层的概念。多层是对三层的扩展,它的本质其实就是对业务逻辑层的进一步扩展。

Sun 公司提出的多层应用体系包括四层,即为客户层、顶端 Web 服务层、应用服务层和数据库层。这其中最为重要的当属顶端 Web 服务层,其主要作用为代理和缓存。缓存本地各客户机经常使用的 Java Applet 程序和静态数据,通常被放置在客户机所在的局域网内,起到一个 Java Applet 主机(向 Web 浏览器传送 Java Applet 程序的计算机)和访问其他服务的代理作用。与普通代理服务器的作用相同。四层 B/S 体系结构如图 1-6 所示。四层 B/S 结构中,服务器功能分布在 Web 服务器、应用服务器和数据库服务器上,其各组成部分功能如下:

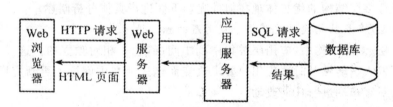

图 1-6　Web 数据库系统的四层结构

①Web 浏览器:与 B/S 结构的相同。

②Web 服务器:接受用户请求并且判断用户请求,对于一般静态页面(后缀是htm)请求,则在服务器文件系统中找到所需的文件作为最终结果返回给用户;对于其他请求,则启动相应的应用服务器并递交请求,然后接收来自应用服务器的结果并将其动态化成页面返回给用户端。

③应用服务器:它是应用程序的运行环境,能够接收来自 Web 服务器的请求并能与连接后台数据库,通过 SQL 等方式向数据库服务器提出数据处理申请,并将数据库数据处理结果提交给 Web 服务器。

④数据库服务器:与 B/S 结构相同。

Java 平台跨越各应用平台,所以在构建多层结构应用软件时选用它会是一个很好的选择。总之,在 Java 平台上构建多层应用软件体系代表着今后 Internet/Intranet 应用的趋势。

1.3.4 三层/多层体系结构的优势分析

对于集中式体系结构,主机系统多采用专用的数据库及应用,以批处理的方式提交业务计算,计算结果显示在"哑"终端上。一般说来,用户难以直接向数据库提出查询请求,并从中得到分析数据,这主要是受主机系统的限制而导致的。

C/S 体系结构从封闭的主机系统中将数据解放出来,为用户提供更多的数据信息服务、更易使用的界面和更便宜的计算能力。然而 C/S 计算模式也在业务计算不断复杂化的变化中开始暴露出更多的问题,例如,计算能力过于分散,系统的管理费用成倍增长。

纵观其发展的整个过程,在从主机系统、C/S 架构到多层 C/S 计算模式的演变中,数据库产品走过了一个轮回,正重新向数据集中的方向发展。

在现阶段而言,从用户的经验、开发工具种类、数据库产品的支持程度上等各个角度分析,可以发现,基于 C/S 的两层体系结构应当说是同类技术中最成熟的。那么,三层/多层结构的优势体现在何处呢? 下面进行具体分析阐述。

1. 三层/多层结构使系统获得了应用层的独立性

在三层/多层结构中,应用层被集中到中间层,它是相对独立的。这样的好处就在于开发人员能够及时适应用户要求改变而迅速地在中间层上更新应用程序,而不需要对客户端进行任何改动。

此外,三层 C/S 结构与 Internet 的捆绑也变得更加容易,这对于 C/S 应用向 Internet 范围的扩展也是有利的,从而借助 Internet 可以实现网上申报或浏览器查询访问。由于在三层或多层结构中,可以将数据处理从客户端游移到应用服务器和数据库服务器上。因此,数据库在用户数量很大的情况下仍能保持良好的工作负载,保持系统快速的响应速度,这就是 Web 数据库系统中很重要的技术——连接缓冲池。这样,尽管客户端与应用服务器之间可能存在着多个甚至数百个的连接,但是应用服务器与数据库服务器之间的连接却只有少数几个,通信线路上传递的数据量的目标得以减少。这样的功能分配使系统可伸缩性大大增强,保证了用户数量急剧增加时还能保持系统性能的稳定。这种上千个客户机同时运行需要访问数据库的工作是传统的 C/S 模式所无法完成的。

在联机分析处理(OLAP),特别是决策支持应用中,数据的计算、操作和数据过滤极其复杂。如果在客户机上完成这些处理工作,需要客户机具有足够强大的配置和处理能力,并且网络负载也要满足一定的要求;如果在数据库服务器上执行此类处理工作,系统支持的用户数量又将会受到限制。可见,最好的方式是在专门的应用服务器上进行这些复杂的工作。而采用三层或多层结构,恰好可以尽量分担数据库服务器的工作。当然,在数据库服务器与应用服务器之间保持处理分割的平衡也是十分重要的。

一般情况下进行数据分析时,往往需要较长的响应时间来对大量的数据进行查询。特别是在分布式数据环境下,响应时间则更长。三层/多层结构提供了客户端与服务器之间的异步通信,客户可以在等待提交的分析处理结果的同时继续执行他的计算任务。

2. 三层/多层结构支持 Internet 环境应用中的异构性

传统的 C/S 结构是一种二层结构模式,大量的应用软件都集中在客户端,而三层 B/S 或多层 B/S 结构是一种基于 HTTP、HTML、TCP/IP 的多层 C/S 结构,客户端仅需要单一的浏览器软件,是一种全新的体系结构。一方面,它解决了跨平台的问题,通过浏览器可访问多个应用平台,形成一种一点对多点、多点对多点的结构模式;另一方面,在三层 B/S 或多层 B/S 中,客户端采用瘦客户机,只需运行简单的浏览器,而不必进行大量的计算或数据处理,对客户机的硬件配置也就没有太高要求,大大降低了购置电脑及进行客户机维护和软件升级的费用;另外,统一的浏览器界面使得对用户的培训费用也大为降低。

多层体系结构可以提供更好的安全保障。数据库中的数据一部分要在组织内部共享,还有一部分要面向外部的公共用户,中间的应用服务器可以提供灵活的安全管理对象和安全协议的支持,使得从客户端到数据库访问的安全性得以保证。

多层结构的中间层能够提供广泛的异构数据库访问和复制能力。一个有较长计算机信息系统应用历史的单位,可能会有许多异构数据源需要集成和访问,不可避免的要在 Internet 环境下访问异构数据源。为此,传统的 C/S 结构需要在客户端安装许多访问异构数据库的驱动程序,而三层/多层结构只要在中间层有相应的驱动程序即可访问异构数据源。

3. 三层/多层结构对移动计算环境有更好的支持

移动计算的市场潜力是巨大的,移动设备(如便携电脑、掌上电脑等)开始进入信息系统,访问远程数据库是它的一项基本应用。而目前来看,移动设备的功能还相对薄弱,移动访问也具有很大的随机性,这就需要特殊的同步方式来支持移动设备访问数据库。更有效的方式无疑是采用三层/多层结构,因为应用服务器能够更有效地分担数据库服务器的一部分工作。

1.4 网络数据库应用系统开发方法及网络数据库技术的发展趋势

1.4.1 网络数据库应用系统开发的三类方法及其实施步骤

网络数据库应用系统是一个完整的、由软硬件相结合的应用系统,故应在充分考虑之后再进行设计开发,重点考虑如下问题:

①考虑硬件系统的选型。工作人员要对网络服务器的选型做充分的调研,网络通信设备的选型应将未来网络发展的因素考虑在内,通常选择具有可拓展性的。

②考虑服务器端和客户端可选用的操作系统,这一点在 C/S 体系结构中是极为重要的。

③网络数据库的选型和软件应用系统的选型。

④要按照软件工程学的思想进行网络数据库应用系统的开发设计,故设计人员要充分掌握软件工程技术方面的概念和方法。

1.结构化方法

结构化方法即 SASD 方法,也称为面向功能的软件开发方法或面向数据流的软件开发方法。它是 20 世纪 80 年代使用最广泛的软件开发方法。

该方法的大致过程是这样的:首先,用结构化分析方法对软件进行需求分析;然后,用结构化设计方法进行总体设计;最后,进行结构化编程。

(1)结构化分析(SA)

即面向数据流自顶向下逐步求精进行分析,其步骤为:

①根据可行性研究报告画出的数据流图,按照输出要求对数据流图回溯,检验输出及运算所得到的信息是否满足输出要求。

②请用户复查数据流图,是否能满足用户要求。

③细化数据流图,把复杂的处理过程分解细化。

④编写文档,并进行复审。

(2)结构化设计(SD)

它包括两部分内容:总体设计和详细设计。

总体设计要确定软件系统的实现方法和具体功能,其步骤为:

①规划可行的设计方案。

②选择合理的设计方案。

③功能分解,确定系统由哪些模块组成,这些模块之间存在怎样的关系。

④设计软件结构,根据数据流图的类型(处理型、事务型)采用相应的映射方法,映射成相应的模块层次结构并对其优化。

⑤进行数据库设计,根据数据字典进行数据库的逻辑设计。

详细设计是借助程序流程图、N-S图或PAD图等详细设计工具,描述实现具体功能的算法。

(3)结构化编程(SP)

即利用各种结构化语言对详细设计所得到的算法进行编码。

通过上述分析不难看出,结构化方法开发具有如下特点:步骤明确,SA、SD、SP相辅相成,软件开发成功率高。正因为如此,它赢得广大软件开发人员的喜爱。

2.原型化方法

随着软件设计方法的发展,软件开发人员发现并非所有的用户需求都能够预先定义,所以难免要进行反复的不断修改。基于这个原因,诞生了原型化方法。

原型法可以让用户在计算机上使用它,通过实践来了解目标系统的概况。有两种途径可以实现该法。

(1)抛弃原型法

实现评价目标系统的某些特性,以便更准确地定义需求,使用之后就把这种原型抛弃掉。

(2)演化原型法

演化原型法是一个多次迭代的过程,每次迭代具体过程是:

①确定用户需求。

②开发原始模型。

③征求用户对初始原型的改进意见。

④修改原型。

原型化开发方法比较适合于用户业务不确定,需求经常变化的情况。此外,当系统规模不是很大也不太复杂时,选用该方法也会是一个不错的选择。

3.面向对象的开发方法

在20世纪末,面向对象技术的产生可谓是软件技术的一次革命,并且在软件开发史上具有重要意义。面向对象的软件开发方法是随着面向对象编程(OOP)、面向对象设计(OOD)和面向对象分析(OOA)的发展形成的。

面向对象的开发方法是一种自底向上和自顶向下相结合的方法。它以对象建模为基础,不仅考虑了输入、输出数据结构,实际上也包括了所有对象的数据结构。面向对象技术在需求分析、可维护性和可靠性这三个软件开发的关键环节和质量指标上有了实质性的突破,解决了在这些方面长期存在的问题。

(1)自底向上的归纳

面向对象的开发方法首先是从问题的陈述入手,构造系统模型。从真实系统导出类的体系,即对象模型包括类的属性,子类、父类的继承关系,以及类之间的关联关系等。

类是具有相似属性和行为的一组具体实例(客观对象)的抽象,父类是若干子类的归纳。可见,这是一种自底向上的归纳过程。在这一过程中,为使子类能更合理地继承父类的属性和行为,可能还需要自顶向下地修改,从而使整个类体系更加合理。由于这种类体系的构造是从具体到抽象,再从抽象到具体,符合人类的思维规律,因此能更快、更方便地完成和达到任务需求。同时,在对象建立模型后,很容易在这一基础上再导出动态模型和功能模型,这三个模型一起就构成了用户所需的软件系统。

(2)自顶向下的分解

系统模型建立后的工作就是分解。在面向对象的开发方法中是按服务来分解的,这与结构化方法按功能分解是不同的。

服务是具有共同目标的相关功能的集合,如文件格式转换处理、打印处理等。分解目的明确,也相对容易,所以面向对象的开发方法也具备自顶向下方法的优点,既能有效地控制模块的复杂性,同时也避免了结构化方法中功能分解的困难和不确定性。

(3)以对象模型为基础

每个对象类由数据结构(属性)和操作(行为)组成,有关的所有数据结构都是软件开发的依据。该方法的核心是对象类的组织、增减和修改。在一个复杂的大型系统开发过程中,所有的工作都是针对对象类的操作,因此局部的修改对整个系统的影响不会太大。

(4)需求分析彻底

需求分析是否彻底直接关系到软件开发的成败。传统的软件开发方法不允许在开发过程中需求发生变化,这会造成出现很多问题。在这一背景之下,人们开始为找到能够解决这一问题的方法而不断探索、尝试。

面向对象的开发方法能够很好地解决上述问题。它使开发人员能迅速生成软件开发原型,并且具备自动生成代码的工具支持。在需求分析过程中,开发人员与用户的讨论是从用户熟悉的具体实例(实体)开始的,由于开发人员必须搞清楚现实系统才能导出系统模型,因此用户与开发人员之间能进行充分的沟通,并最终达成意见的统一,从而避免了传统需求分析中可能产生的问题。

(5)可维护性大大改善

在面向对象语言中,子类不仅可以继承父类的属性和行为,而且也可以重载父类的某个行为(虚函数)。基于这一特点,功能修改更方便。

由于不必向原来的程序模块中引入修改,因此,软件的可修改性问题和软件的可维护性问题均得以彻底解决,软件的可靠性和完善性大大提高。

综上所述,网络数据应用系统的开发过程应遵循软件工程的思想,在系统开发的初始阶段,需要进行需求分析和系统设计,然后进入系统实现阶段。

整个实现阶段过程是:首先,搭建开发所需的硬件及软件环境,特别根据所要开发的应用系统的体系结构构建相应的网络环境;其次,创建各种对象,设置各自的属性,编写过程代码,开发程序代码,生成可执行程序,制作安装程序,编写用户操作维护文档等。

概括起来系统的开发过程可分为:需求分析、系统设计、建立应用对象、编写对象的事件处理程序、测试、修改或改进、发布应用程序等。

1.4.2 网络数据库技术发展的趋势探讨

随着通信技术、计算机技术和数据库技术的迅速发展,网络数据库的体系结构正在或即将发生重大的变化。

1. 将现有 B/S 体系结构进行改进、完善

网络数据库体系结构的发展大致是这样的:由客户/服务器(C/S)模式发展到浏览器/服务器(B/S)模式,B/S 模式又由两层、三层,发展到多层的模式结构。所谓三层或多层的网络数据库体系结构,即是通过将 Web 服务器和 ASP 等组件工具作为数据库操作的中间层,将客户机与数据库服务器相连而构成。由于各部分之间是相对独立的,因此对任何一层的修改都不会影响到其他层,这就使设计更加方便、灵活。

图 1-7 所示为"胖服务器/瘦客户端"模式的网络数据库结构。该模式的前端采用基于瘦客户机的浏览器技术(Navigator 或 IE),通过服务器(Microsoft 的 IIS 或 Netscape Fast Track)及中间件访问数据库。其中,Middle Ware 驻留在 Web Server 上,负责管理 Web Server 和 Data Base Server 之间的通信,并提供应用程

序服务；Data Base Server 管理数据库中的数据，客户发出 HTTP 请求；Web Server 以 HTML 页面向用户返回查询结果。

"胖服务器/瘦客户端"模式的特点：Web Server 承担了数据库连接任务中的很大一部分工作，而 Client 端却是很少的一部分，从而能够同时接受多种请求、充分利用系统资源、降低系统开销；此外，在服务器端进行安全性设置还可以增强数据的安全性。

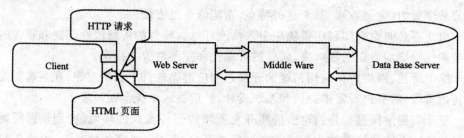

图 1-7　网络数据库技术体系结构

由于三层或多层体系结构与 Web 处理模型有密切关系，所以中间层应用程序服务器常被视为 Web 服务器的一种功能扩展。现有的 Web 应用程序利用 CGI 程序，将来自 Web 浏览器的用户请求传送到非 Web 的业务系统，并向浏览器返回响应，这就是三层模型的一种实现形式。现如今，三层或多层 Web 结构的模型正在获得广泛应用，应用程序逐渐向 Servlet 技术的转移就是一个很好的说明。

Web 系统通常是由客户端、Web 服务器、应用服务器及数据库服务器组成的。

①客户端。它可以在支持 JDK1.1.1 虚拟机的各种浏览器平台上使用，也可以采用浏览器运行插件加 JVM 实现另一种不需要浏览器的 B/S 结构。

②服务器。它可以在支持 JAVA 虚拟机的 Windows、UNIX、Linux 等平台中使用，可选用各种商业的和非商业的应用服务器产品，例如 Websphere、Weblogic、Tomcat 等。如果 Appserver 多机并行操作，应用服务器需要支持 Serverlet 2.1、EJB 1.0 以上的标准，单机应用只需 Serverlet 2.1 标准以上即可。

③数据库支持 Oracle、DB2、SQL Server、Sybase、Informix、Myscll 等。通常根据并发用户量、在线用户量、系统稳定性、性价比、操作系统支持等因素决定该如何选用。例如 SQL Server[SYBASE/DB2]与 WINX 结合，UNIX 与 Oracle、DB2、Sybase、Informix 结合，IBM 的 RS6000、AIX400 等系列与 DB2、Oracle 结合，Linux 与 Mysql 结合等较理想。

网络数据库在计算机网络支持下运行。通常，对 Web 多层数据库模式，系统应提供完全基于互联网的应用模式。不同的客户端可以根据实际情况选择不同的上网方式来连接相关的服务器。对于中小型企事业单位，它可以广泛处理如办公地分散、分支机构较多、仓储与办公异地等应用，通过互联网节省大量的通信费用。系统主要由客户端、通信、Web 部分、应用逻辑、数据服务等部分组成，系统通过业务对象把它们有机地结合在一起，业务对象的定义采用动态建模技术，如订单、合同等在系统处理中就可视为不同的业务对象。

2. 将人工智能中的 AGENT(智能体、主体)概念和思想引入进来

可以把网络数据库、各种移动体及移动数据库、数据仓库系统、数据挖掘系统、ERP 系统、客户关系管理系统和决策支持系统等作为网络上的多 AGENT 系统，从而实现网络上的计算机协同工作。

3. 将移动事务处理和移动数据库纳入网络数据库技术

近年来，移动商务、移动金融等移动事务处理开始出现，手机短信、移动数据与移动数据库不断增多，不可否认，它们为 WWW 和网络数据库的应用增添了不少新内容，但同时也为网络数据处理增加了不少困难和麻烦。因此，应当考虑将移动事务处理和移动数据库等纳入网络数据库技术中。

新近推出的 3G 是将无线通信和国际互联网等多媒体通信相结合而实现的新一代移动通信技术。该技术基于新型的 Web 结构，不但能够处理图像、音乐、视频流等多种媒体形式，而且还能提供包括网页浏览、电话会议、电子商务等多种信息服务。

4. 将网络数据库与数据挖掘、客户关系管理相结合构成集成化的信息系统

随着 IT 技术的日益发展，WWW 和数据库系统、数据仓库系统等逐渐发展成为信息处理系统的主流，它们将当今的一些最新技术，如数据挖掘、客户关系管理等引入这类信息处理环境之中。

分析得出，最理想的网络数据库体系结构应该是将网络数据库系统与 OLAP 系统、数据仓库系统、数据挖掘系统、客户关系管理及 ERP 等系统相耦合，彼此融合集成在一起，构成集成信息处理软件。从而在 Web 模式下，将事务管理、查询处理、联机分析处理、联机数据挖掘和分析、决策等集成在一个统一的框架之中，使数据挖掘、分析、决策具有可靠性、科学性。

1.5　有关网络数据库系统的安全问题的讨论

如今，庞大的现代计算机和网络系统，拥有更丰富的系统资源、更多的用户、更

强大的功能,因此,要对系统中的硬件和软件实施更加全方位的保护。其中,硬件包括各种内存、缓存,各种外部设备和接口等。软件包括操作系统、文件、数据、内存中的执行程序、自举模块、口令表、文件目录、堆栈等。

1.5.1 制定网络数据库系统安全措施应考虑的问题

网络数据库应用系统安全必须在系统集成阶段制定有效措施,这才能更好地保证系统安全。制定网络数据库系统安全措施应考虑对系统访问的控制、数据库安全控制等方面的问题。

1.访问控制

早期,为了保证系统资源的安全,通常会对每个要保护的文件读/写各设置一个口令,用户必须了解每个要访问文件的读写口令,并且只能用对应的口令访问文件。但是这样就产生了一个问题,即很难做到不同用户对文件有不同的访问权。在计算机和计算机网络技术高速发展的今天,存在大量的网络用户和需要保护的资源。这种方式显然不能适应当今的需求,并存在着极大的安全隐患。

访问控制技术就是在这样的情况下发展出来的一种主体、客体综合考虑的技术,它可以对用户和资源分配不同的授权级,根据授权系统控制用户对资源的访问。例如,系统管理员可以具有读写全部文件的文件,而其他用户则不具有此种权限。通过访问控制机制能够实现强制性地按不同等级控制对计算机资源的访问。

计算机系统的活动主要是在主体(进程、用户)和客体(资源、数据)之间进行。保证主体对资源和信息占有权的合法性,即通过对数据、程序读出、写入、修改、删除、执行等的管理确保主体对客体的访问是经过授权的,这也就是计算机安全的核心问题。

访问控制常作为对资源访问处理的一部分。例如,当用户或应用程序调用一个文件时,文件系统从调用打开文件程序开始,同时调用访问控制机制。这是通过访问控制表、权能表或访问控制矩阵等来实现。访问控制机制检查用户的访问权限:如果用户在它的授权权限内,则进行打开文件操作;如果用户超出授权权限,则访问被拒绝,报错并退出。

系统的访问控制可分为两种不同类型:

①任选访问控制(Discretionary Access Control,DAC)。它又称为自主访问控制,即主体(用户或应用等)可任意在系统中规定谁可以访问它们的资源,从而有选择地与其他用户共享资源。自主访问控制是一种对单独用户执行访问控制的过程和措施,为用户提供了一种灵活、易行的数据访问方式,应用范围很广。

　　缺点为：安全性相对较低。由于 DAC 参数较容易被改变，故不能抵御特洛伊木马的攻击，也就不能充分保护所有的资源，它不完全适用于网络环境。对某些环境下的安全策略必须要考虑偷盗数据对资源所造成的损失。

　　②强制访问控制（Mandatory Access Control，MAC）。即由系统管理员而非单个用户确定用户和用户组的访问权限。系统是通过比较客体和主体的安全属性来决定主体是否可访问客体的。与 DAC 相比，强制访问控制通过无法绕过的访问控制机制来防止对系统的非法入侵。

　　强制访问控制特点：第一，不允许一个进程生成共享文件，从而防止进程通过共享文件传递信息；第二，通过使用敏感标号对所有用户和资源强制执行安全策略，从而实现强制访问控制；第三，能够抵御特洛伊木马和用户滥用职权等类似攻击。

　　缺点为：对合法用户也带来许多不便。例如，在用户共享数据方面是不灵活和受限的。

　　可见，MAC 多适合于敏感数据需要在多种环境下受到保护的情况。而当需要对用户提供灵活的保护时，尤其当必须更多地提供共享信息时使用 DAC 是个不错的选择。

　　2.数据库安全控制

　　网络数据库能够实现多个事务同时共享数据，从而实现各个用户之间的协调工作。不过，在提供资源共享的同时极有可能引发数据失密、丢失、出错等情况。因此，网络数据库的安全问题是网络安全的一个重要部分。

　　操作系统资源包括数据库系统资源，只有安全的操作系统才能更好地保证数据库系统的安全，操作系统应能保证数据库中的数据必须经由 DBMS 访问。DSMS 提供可靠的保护措施以确保数据库的安全。

　　数据库系统安全性的要求主要体现在以下几个方面：

　　①数据库的完整性。数据库的完整性体现在物理上和逻辑上两个方面。

　　数据必须有访问控制保护，从而确保只有经批准的个人才能更新数据；数据库系统必须防范非人为的外力灾难；系统中的所有文件要做周期性的备份，从而尽可能的减少可能的灾祸损失；系统要做好对处理事务的记录的维护，从而保证在出现系统失败的事故时能够最大可能的实现系统重构与数据恢复。

　　②数据库元素的完整性。数据库元素的完整性体现为它们的正确性和准确性。

　　要进行字段检查，从而避免输入数据库时可能出现的简单错误；要通过访问控制来维护数据库的完整性和一致性,从而避免可能发生的数据冲突问题;要注意数据库更改日志的维护,从而在错误修改后能够通过日志撤销动作。

③数据库的可审计性。对数据库的所有访问(读或写)的审计记录可以协助维持数据的完整性,或者查询何人何时曾对数据所进行的更改。数据库的审计踪迹必须包括对记录字段和元素一级的访问记录,对于大多数数据库应用还需要详细记录审计踪迹。因此,会产生过大的系统开销。

④数据库的访问控制。数据库管理应指定允许哪些访问者访问哪些数据。①

对数据库的访问控制不同于针对操作系统的访问控制,它的复杂程度更高。由于数据库中,用户可以通过推理的方法从某些数据的值得到另外一些数据值,可能不需要具有对安全目标的直接访问权,这就需要限制推理的可能性。但这就又带来了另一个问题,即那些无意访问未经批准的用户在访问那些他无权访问的数据时也被限制了。因此,进行推理检查必然会导致降低数据库的访问效率。

⑤数据库的用户认证。数据库应用系统应该设置自己的不同于操作系统的用户认证过程。这样用户在通过操作系统完成的认证之后还需要进行实施数据库用户认证,从而使得数据库应用系统的安全性能在很大程度上得到提高。

⑥数据库的可获性。它应当保证用户可以访问数据库且用户只能处理得到批准的数据。从这个角度讲,数据库应用系统必须分为3个方面加以考虑:第一,数据的可获性。一般来说,通过身份验证的用户就有权利获取授权的数据,但是特殊情形下,如网络上的其他用户正在对某些字段进行更新,这时候系统应该有能力暂时阻止用户对这些数据的可获性,并能够给出相关提示,从而保证系统运行的满意程度。第二,访问的可接受性。从面上看,一个合法用户拥有相应的数据访问权限,他的访问是可以被接受的,但是特殊情形下,如该合法用户试图通过请求某些自己有权访问的数据记录来导出那些他无权访问的数据,这时候系统必须能够拒绝接受这种访问企图。第三,认证的准确性。数据库应用系统要进行严格的用户认证,包括严格的身份与权限认证和严格操作时间控制,从而保证仅允许那些合法用户在规定的时间段内操作、访问那些他有权访问的数据,以此来提高安全性。

1.5.2 网络数据库系统应当采取的安全策略

数据库系统应该能够一方面保证来自用户的必需的可用性需求,另一方面应对来自窜改、破坏和窃取的威胁。因此,网络数据库系统必须要采取安全、有效的

---

① 这些数据可以是字段或记录,或者甚至是元素,这一访问策略必须由 DBMS 具体实施。

安全策略。

1．使用操作系统提供的安全措施

现在的计算机操作系统、网络操作系统、UNIX/Linux 等都提供了一系列的安全措施，例如用户管理、口令检查和数据追踪等，这是进行安全防范的第一步，也是重要一步。因此，可以要求所有的用户使用他们自己的账户，并强制他们使用口令。

2．使用数据库服务器提供的安全措施

大多数数据库服务器能提供自己特有的一些安全措施。数据库是存在数据库服务器上的文件，数据库服务器内置的安全措施是仅将它自己设置为唯一可以访问这些数据库文件的机器。这样一来，对这些数据库文件进行操作就只能通过这些有安全保护的服务器进行，数据库的安全在一定程度上也得到了保障。

3．限制对可移动介质的访问

网络上的任何一台计算机都可以连接可移动介质，严重威胁到存储于可移动介质上的数据的安全。因此，必须制定有效的措施限制对可移动介质的访问。

4．限制非法人员对计算机的接触

用户通过登录进入系统操作是数据库应用系统的基本安全措施之一。但有时候可能会出现这样的情况：一个合法登录的用户临时离开他的计算机，一个非法人员趁机在这时候接触他的计算机。因此，可以通过制定规章制度和设定自动注销等方式来限制其他人员接触这台计算机。

第2章 网络数据库应用的关键技术研究

从技术发展角度看,最经典的数据库访问技术是 CGI 技术,随后出现了服务器 API 技术,近来流行的是 ASP 技术等。在最初进行数据开发时并不存在数据库接口,程序员写数据库程序的时候都是直接对具体的某个数据库进行操作。在后来,各种关系数据库尽管都是使用 SQL 语言,但由于开发厂商、产品特点、市场的针对性等不同,使得它们在接口和使用方法上都存在诸多差别。因此,程序员在开发数据库应用时还需要根据不同的数据库系统进行专门的设计,这对于程序的通用性、灵活性和可维护性而言都是极为不利的。ASP 采用 ADO 实现对数据库的访问。它在服务器端对脚本语言解释执行,通过 ODBC 向数据库发送 SQL 命令。近年来又出现了以 Java 为脚本,通过 JDBC 连接数据库的技术。本章将重点讨论网络数据库应用中所涉及的几项关键技术。

2.1 数据访问技术 CGI 的工作原理及特点研究

公共网关接口(Common Gateway Interface,CGI)是较早期使用的 Web 文档与服务器应用程序(如数据库系统)连接的接口。它能够与不同的控件、应用系统相结合,从而加强 Web 服务器的功能。CGI 技术最为成熟,历史最为悠久。

2.1.1 CGI 的工作原理及流程分析

CGI 是 Web 服务器与外部扩展程序交互的一个标准接口。按 CGI 标准编写的外部扩展程序可以处理客户端(一般是 Web 浏览器)输入的协同工作数据,完成客户端与服务器的交互操作。CGI 程序将运行结果通过服务器传送给客户端浏览器。

CGI 程序通常用于加入查询机制、搜索机制、交互式应用及其他一些应用。可以通过编写 CGI 程序来访问数据库,客户端用户可通过它和 Web 服务器进行数据查询。

CGI 程序可以建立网页与数据库之间的连接,将用户的查询要求转换为数据库的查询命令,然后将查询结果通过网页返回给用户。应用 CGI 技术访问数据库的工作原理如图 2-1 所示。

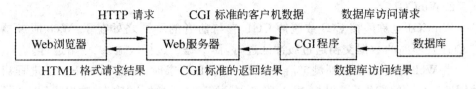

图 2-1　CGI 工作的基本原理

具体如下：

①客户端通过浏览器向 Web 服务器发出 HTTP 请求。

②Web 服务器接收客户对 CGI 的请求，设置环境变量或命令行参数，然后创建一个子进程来启动 CGI 程序，把客户的请求传给 CGI 程序。

③CGI 程序向数据库服务器发出请求。

④数据库服务器执行相应的查询操作，并将查询结果返回给 CGI 程序。

⑤CGI 程序将查询结果转换成 HTML 格式并返回给 Web 服务器。

⑥Web 服务器将格式化的结果送客户端浏览器显示。

可见，CGI 为 Web 服务器与其他应用程序、信息资源和数据库之间搭起了一座桥梁。Web 服务器通过 CGI 接口标准可以调用一个 CGI 程序，同时将用户指定的数据传给它；该 CGI 程序能够根据传入的数据做相应的处理，并将程序的处理结果通过 Web 服务器返回到 Web 浏览器。为了使用各种数据库系统，CGI 程序支持 ODBC 方式，CGI 程序通过 ODBC 接口访问数据库。

2.1.2　CGI 的两种不同分类

根据应用环境的不同，CGI 可分为两种：标准 CGI 和 WinCGI。

1. 标准 CGI

标准 CGI 通过环境变量或命令行参数来传递 Web 服务器获得的用户请求信息。此外，最初的开发环境 UNIX 操作系统决定了标准 CGI 在 Web 服务器与浏览器间的通信采用标准输入/输出方式。

当 Web 服务器接收到浏览器发来的 HTTP 请求时：首先对该请求进行分析，并设置所有的环境变量或命令行参数；然后创建一个子进程启动 CGI 程序；CGI 程序执行完后，利用标准输出将执行结果返回 Web 服务器。CGI 程序的输出类型可以是 HTML 文档、图形、图像、纯文本或声音等。

但是，Delphi 和 Visual Basic 等众多的 Windows 环境下的编程工具对这种标准的输入/输出方式并不支持，因此，也就不能开发出基于标准 CGI 的应用程序。

在这一情形下,有些 Web 服务器将 WinCGI 引入进来。

2. WinCGI

WinCGI 也称间接 CGI 或缓冲 CGI,它与前者的不同之处在于:Web 服务器与 CGI 程序间的数据交换通过缓冲区进行,而不是通过标准输入/输出进行。

当 Web 服务器接收到浏览器发来的 HTTP 请求时:首先创建一个子进程启动缓冲程序,该缓冲子进程与 Web 服务器通信,它通过标准输入/输出、环境变量和命令行参数来获得有关的数据,并将这些数据保存在一个输入缓冲区中;缓冲子进程再创建一个子进程启动 CGI 程序,CGI 程序读取输入缓冲区中的内容,处理浏览器的请求,并将要输出的内容存入输出缓冲区;缓冲程序通过环境变量或命令行参数等方式传递输入缓冲区和输出缓冲区的地址(或临时文件名)到 CGI 子进程。

在上述过程中,缓冲子进程与 CGI 子进程应当是同步进行的,这样能够监测 CGI 程序执行的状态。当缓冲子进程得到 CGI 子进程的输出时,设置有关环境变量并终止该 CGI 子进程,然后采用标准输出与 Web 服务器通信,并通过 Web 服务器将 CGI 程序的输出结果返回给浏览器。这时候,Web 服务器进程与缓冲进程也应当是同步的,这样能够监测缓冲子进程执行的状态。

2.1.3 CGI 所具有的特点

利用 CGI 连接数据库自然有其自身的优点。该技术开发较早,相对比较成熟,所以目前几乎所有的 Web 服务器都支持 CGI 技术。尽管如此,CGI 方法也被时间证明还存在着许多缺点。本节简单阐述 CGI 所具有的特点。

1. CGI 的优点

①可以工作于多种不同的软件平台,如 DOS、Windows、UNIX 和 OS/2 等。

②技术简单易学,具有广泛的应用(尤其在 UNIX 平台上)。

③可以使用不同的程序设计语言来编写 CGI 程序。尤其是用 C 语言编写的 CGI 程序速度更快、更安全。

2. CGI 的缺点

①执行速度较慢。每当客户端输入一个请求时,都必须启动一个新的 CGI 进程。这样一来,同一时刻发出的请求越多,服务器产生的进程就越多,耗费掉的系统资源也越多。当用户访问处于高峰期时,就会挤占大量的系统资源,使得网站表现出响应时间延长、处理缓慢等情况,严重的甚至会导致整个网站崩溃。

②每一次修改程序都必须重新将 CGI 程序编译成可执行文件。

③交互性差。HTTP 协议无状态限制,CGI 不能保持当前状态。

④安全性差。任何来访都可执行 CGI。

⑤CGI 程序的开发较为复杂、难度较大,且不具备事务处理功能,这在一定程度上限制了 CGI 的应用。

2.2　服务器技术 API 的工作方式研究

为了解决复杂与高效之间的矛盾,Web 服务器都各自开放了基于 API 的高级编程接口。API(Appficafion Programming Interface,应用程序接口)通常以动态链接库(DLL)的形式提供,是驻留在 Web 服务器上的程序。它与 CGI 一样,同样可起到扩展 Web 服务器功能的作用。服务器 API 的出现解决了 CGI 的低效问题。

2.2.1　API 的工作方式研究

目前最著名的服务器 API 有 Netscape 的 NSAPI(Netscape Server API)、Microsoft 的 ISAPI(Internet Server API)和 O'Reilly 的 WSAPI(WebSite API)。各种 API 均与其相应的 Web 服务器紧密联系在一起。

例如,ISAPI 由 2 类组件组成:提供纵向功能层的 ISAPI 应用程序和提供横向功能层的 ISAPI 过滤器。当接收到一个请求时,服务器执行一个对应的 ISAPI 应用程序,ISAPI 过滤器则可实现所有请求共有的某些功能要求。当过滤器中定义的事件在进程中发生时,服务器调用过滤器中相应的函数进行处理。

用 NSAPI、ISAPI 或 WSAPI 开发的程序,性能大大优于 CGI 程序。由于这些 API 应用程序是与 Web 服务器软件处于同一地址空间的 DLL,因此所有的 HTTP 服务器进程能够直接利用各种资源。与调用不在同一地址空间的 CGI 程序相比,它所占用的系统时间更短。程序员可以利用 API 分别开发 Web 服务器与数据库服务器的接口程序。

服务器 API 可实现 CGI 程序所能提供的全部功能,二者的工作原理大体相同,都是通过交互式页面取得用户的输入信息,然后交服务器后台处理,但各自在实现机制上却大相径庭。服务器 API 的工作示意图,如图 2-2 所示。

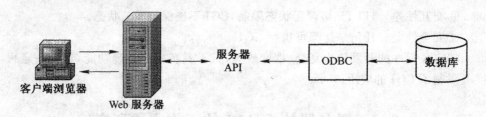

图 2-2　服务器 API 工作方式

2.2.2　API 与 CGI 的分析比较

1. API 的优势

(1)组成服务器 API 的程序均以 DLL 形式存在,而 CGI 程序一般都是可执行程序

在服务器 API 调用方式中,被用户请求激活的 DLL 和 Web 服务处于同一进程中,在处理完某个用户请求后并不会马上释放,而是和 Web 服务器一起继续驻留在内存中等待处理其他用户的 HTTP 请求,直到超过设定时间后一直没有用户请求为止。这是服务器 API 与 CGI 最大的区别。

(2)服务器 API 的运行效率明显高于 CGI

基于服务器 API 的所有进程均可获得服务器上的任何资源,而且当它调用外部 CGI 程序时,需要的开销与单纯的 CGI 相比更少。

2. API 的劣势

(1)开发难度大

用 API 编程比开发 CGI 程序更加困难,因为 API 开发需要多线程、进程同步、直接协议编程及错误处理之类的专门技术。这是开发人员所难以掌握的。

(2)兼容性较差

API 是厂商与各自的服务器绑定开发的,仅适用于 Windows 系统。

2.3　Web 应用程序编写方法 ASP 的
工作流程及开发工具研究

从前面的分析可知,早期的 Web CGI 应用程序存在很多缺陷,而服务器 API 开发的难度又过大,于是研究人员在继承 CGI 程序与脚本语言的灵活性的基础上,推出了一种新的编写 Web 应用程序的方法——ASP(Active Service Pages,动态服务器网页技术)。利用它可以产生和执行动态的、互动的、高性能的 Web 服务应用程序。

严格地说，ASP 不是一种语言，也不是一种开发工具，而是一种开放性的、无需编译的、服务器端的脚本运行环境，其主要功能是为生成动态、交互且高效的 Web 服务器应用程序提供一种功能强大的方法或技术。如今，它已经发展成为一种较成熟的网络应用程序开发技术。加之有微软的强大技术支持，故目前 ASP 技术非常流行。

2.3.1　ASP 的重要特征及其运行

ASP 是一个 Web 服务器端开发环境，属于 ActiveX 技术中的服务器端技术。它提供了丰富的组件和对象，使用第三方控件可以完成复杂的功能。通常一个 ASP 具有以下重要特征：

第一，它可以包括服务器端脚本。脚本的使用可以使网站"动"起来，真正地实现与用户的交互。

第二，它提供了一些内建对象。对象的使用再加上简单的编程就能够获得具有强大功能的脚本。

第三，它可以用另外的组件来扩展。ASP 自身提供数量众多的标准服务器端 ActiveX 组件，它们可以提供多种功能，对于完成复杂工作而言极为有利。另外，利用第三方控件来增强网页的功能也是可行的。

第四，ASP 可以对诸如 SQL Server 这样的数据库进行访问。通过特定对象集合的运用还可以实现对数据库的操作。

ASP 文件是一种 Web 应用程序文件，客户端需要 Web 浏览器，服务器端需要 Web 服务器，而 Windows 平台的 Web 服务器软件是 Windows 集成的 IIS 或 PWS。ASP 的运行环境如下：

ASP 中命令和脚本的解释执行都是在服务器端进行的。由于 ASP 是由 Microsoft 推出的，因此，目前只有微软公司推出的服务器能实现 ASP 的强大功能。微软推出的支持 ASP 的 Web 服务器是 Microsoft Internet Information Server version 3.0/4.0/5.0 on Windows NT/2000 Server 和 Microsoft Personal Web Server on Windows 95/98（即 PWS）。此外，一些其他安装了 ASP 组件的服务器也能实现相关功能。

ASP 存取数据的策略仍然遵循 CGI 程序标准，但它的编程方法要简便得多。只要在 Web 服务器上含有 ASP 解释器，就可以利用脚本语言编写动态的 ASP 页面。这些页面可以解释执行，即修改了动态页面后可直接在 Web 服务器上运行，而不需要编译。ASP 动态页面解释执行后,运行的结果产生 HTML 页面输出到客户端的浏览器。

由于脚本是在服务器端执行的,任何浏览器都可以观察到这些 HTML 页面;同时,在浏览器上看不到 ASP 源代码,从这一角度讲,ASP 与一般的脚本语言相比,要安全得多。

2.3.2 ASP 的工作流程探究

一个 ASP 文件相当于一个可执行文件,必须放在 Web 服务器上有可执行权限的目录下。ASP 程序只能在 Web 服务器端执行。ASP 通过 ADO(ActiveX Data Object)访问数据库。具体流程如图 2-3 所示。

图 2-3 ASP 访问数据库流程

具体执行步骤如下:

①浏览器向 Web 服务器请求 ASP 文件(＊asp),这里的 Web 服务器是微软的 IIS,它对 ASP 页面程序能够提供最佳支持。

②Web 服务器响应该 HTTP 请求,调用 ASP 引擎,解释被申请文件。当遇到任何与 AcfiveX Scripting 兼容的脚本(如 VBScript、JavaScript)时,ASP 引擎会调用相应的脚本引擎进行解释处理。

③若脚本指令中涉及对数据库的访问,就通过 ODBC 与后台数据库相连,由数据库访问组件 ADO 与后台数据库进行连接(这里,ADO 组件是 ASP 页面程序访问数据库的关键部分)。

④数据库接到命令之后,进行相应的操作,然后将运行结果再通过 ODBC 接口返回 ADO 对象。

⑤ADO 对象获得数据库结果之后,利用 ASP 控制程序产生相应的页面内容,由 Web 服务器输出给浏览器,浏览器解释相应的 HTML 文件并显示。可见所有的发布工作由 Web 服务器负责。

这里需要说明以下几点问题:

①ASP 脚本是在服务器端解释执行的,通常脚本代码不会被别人窥视,保证了程序代码的安全和知识产权。

②客户端浏览器接收到的是经 Web 服务器执行以后生成的一个纯粹的 HT-ML 文件,可被运行在任何平台上的浏览器所执行。

③程序执行完毕后,服务器仅仅是将执行的结果返回给客户端浏览器,减轻了网络传输的负担,大大提高了交互的速度。

2.3.3　ASP 常见的几种开发工具介绍

ASP 开发工具有许多种,这里首先需要说明的是,不论使用什么开发工具,最后 ASP 文件都要保存成. asp 文件。

1. Visual InterDev

Visual InterDev 是 Microsoft 公司推出的 Web 应用程序开发工具,也是一款开发 ASP 程序的不错工具。它提供了一个功能强大的集成开发环境,设计者使用它可以方便地完成 ASP 文件编辑 Web 应用程序调试、网站建设、大型 Web 应用合作开发等各类任务。

但是由于使用 Visual InterDev 涉及安装,另外还需要具备专门的 Visual In-terDev 知识,因此,不适合初学者使用。

2. FrontPage

FrontPage 是一款网页编辑软件,它属于 Microsoft 公司的办公自动化套装装 Office 的组成部分。ASP 文件是在 HTML 文件中嵌入其他成分组成的,Front-Page 使用起来非常方便,也可以可以用来编辑 ASP 文件。

3. 文本编辑软件

ASP 文件本身也是文本文件,所以,诸如 Office 的 word,Windows 的记事本、写字板等任何类型的文本编辑软件都可以用来编辑 ASP 文件。使用它们作为编辑工具的最大优点是:读者不需要重新学习。这种类型的工具尤其适合初学者使用。

2.3.4　ASP 与 CGI 的分析比较

与传统的 CGI 技术相比,ASP 的优点在于:

(1)简单易学

这是 ASP 的最大优点,体现在:一方面,编写 ASP 不是只有专用开发工具才可以,使用普通的文本编辑器,如 Windows 记事本、写字板等,也能在较短的时间内开发出 Web 应用程序;另一方面,ASP 可包含服务器端脚本,可以很容易地把 HTML 文本、脚本命令和 ActiveX 组件混合在一起,从而创建动态网页,实现对网络数据库的访问。

（2）运行效率高

ASP 能够以数据流的传输方式与客户浏览器交互，其速度比 CGI 用磁盘文件方式交换快。ASP 运行在 Web 服务器的同一进程中，能够更快、更有效地处理客户请求。

（3）功能更强

ASP 本身也提供多种内置对象，这些对象不仅使脚本功能更强，而且能从浏览器中检索或向浏览器中发送信息。

它提供功能强大的组件，用于编程与调试。内置组件以便实现相关任务，从而极大简化了 Web 应用程序的开发工作。

（4）提供 ODBC 接口

可以连接多种不同厂商的数据库管理系统。

（5）ASP 将 HTML、脚本语言以及 Active 服务器组件相结合

它能够按用户请求，把结果转换成标准的 HTML 页面返回客户端。

ASP 使用脚本语言进行 ASP 程序的开发，它可以支持多种脚本语言，例如，VBScript、JavaScript、Perl，并且可以在同一 ASP 文件中使用多种脚本语言以发挥各种脚本语言的最大优势。不过，ASP 默认只支持自身提供 VBScript 和 JavaScript 两种脚本引擎，若要使用其他脚本语言，则还应当安装相应的脚本引擎。

ASP 核心技术是对组件和对象技术的充分支持。通过使用 ASP 的组件和对象技术，用户可以直接使用 ActiveX 控件，调用对象方法和属性，以简单的方式实现强大的功能。ASP 通过调用 ActiveX 组件扩充功能，可以实现一些仅依赖脚本语言所无法完成的任务，例如，数据库访问、文件访问、广告显示、Email 发送、文件上载等功能。利用 ADO 对象实现对数据库的操作是一种较新的 Web 数据库访问技术。

（6）与浏览器无关

客户端只要使用可执行 HTML 文档的浏览器，即可浏览 ASP 页面。ASP 的脚本语言，如 VBScript、JavaScrip 等均在服务器端运行，而在客户端则不执行这些脚本语言。

ASP 技术的缺点为基本上局限于微软的操作系统平台，不能很容易地实现跨平台的 Web 服务器的工作。

2.3.5　ASP.NET 所体现出来的特点及特性分析

ASP.NET 是微软公司用于构建动态和数据驱动 Web 站点的技术，自推出之后，先后经历了多个版本。它能够帮助开发者快速创建基于 Web 的数据库密集型应用程序。利用.NET 的面向对象语言的功能，可在代码中访问几千个.NET 类。

ASP. NET 具有如下特点：

①ASP. NET 访问数据库的统一接口为 ADO. NET,更加易于操作。

②ASP. NET 功能强大,易于学习和使用。

③ASP. NET 在使用上有很大的灵活性,在服务器端,Web 应用程序还可以访问其他. NET 类,几乎能够完成 Windows Form 类所有的功能。

④ASP. NET 提供了完整的服务器端对象模型,可以将页面上的所有控件作为对象访问。

与 ASP 相比,ASP. NET 增加了一些新的特性：

①ASRNET 使用以 CLR(公共语言运行时)语言编写的编译后代码,不再使用如 VBScript 这样的解释执行的脚本语言。

②ASP. NET 页面是基于服务器端控件构建的。Web 服务器控件允许使用直观的对象模型来表现和编程,而不再使用 HTML 元素。

③ASP. NET 可以用 Web 服务跨越 Internet 来访问属性、方法以及传递数据库的数据。

④ASP. NET 包含页面和数据缓存机制,Web 站点的性能得以显著提高。

综上所述,开发人员可充分利用 ASP. NET 的性能、测试和完全优化特性,开发出功能强大和性能可靠的 Web 应用程序。

2.4　网络数据库访问技术的比较

网络数据库系统的主要目的是要实现 Web 与数据库的连接以产生基于数据库的动态页面,这一过程的实现需要的相关技术称为网络数据库访问技术(也称为动态页面技术)。

通过上面的介绍不难发现,对网络数据库访问技术有许多要求：数据库的访问速度要快,以适应对大量数据的大量访问;因为网络数据库是很多客户端共享的,所以其安全性也尤为重要;因为是应用于 Web 的,客户端一般是利用浏览器来使用系统的,故为避免系统的可用性和简洁性降低,不能要求用户来配置客户端的数据源,也就是说网络数据库应用应尽量做到客户端的零配置;在 Web 应用中必然会存在大量的网络互连,可能会涉及异构网络,客户端和服务端也可能存在异构平台,因此,网络数据库访问技术应该能够适应异构平台的性能;在 Web 数据应用系统中必然会涉及大量的业务逻辑,而且这种业务逻辑还有可能随着时间的发展而产生变化,因此,网络数据库访问技术也必须考虑到其可扩展性,等等。

网络数据库访问技术的种类极其多样,总体上可以分为三类。第一类也就是前面所介绍的几种,为在 Web 服务器端提供中间件来连接 Web 服务器和数据库服务器,常用的中间件技术有通用网关接口(CGI)、应用程序编程接口(WebAPI)、ASP、PHP、Java Servlet、JSP 等;第二类是把应用程序下载到客户端运行,在客户端直接访问数据库服务器,例如:Java Applet 等;第三种方式为上述两种方法的组合,在服务器端提供中间件,同时将应用程序的一部分下载到客户端并在客户端通过 WebServer 及中间件访问数据库。

我们所介绍的第一类,也是目前应用最大的解决方案。它们在开发效率、运行速度、分布式事务处理及自扩展能力等方面各有其优缺点,用户可以根据具体需要选择相应的技术。前面已经讨论了这些技术的工作原理。下面大致对第一类网络数据库访问技术进行比较。

CGI 和 API 这两种技术已经逐渐被其他技术所取代,这主要是由于 CGI 运行速度较慢,而 API 开发则较为困难。

ASP、JSP、PHP 等技术能够将程序代码内嵌在 HTML 页面中以解决网页设计人员必须在程序代码中进行页面制作的问题,但这有时候反而会造成程序开发人员和网页设计人员双方在开发过程中的困难。这主要是因为网络数据库应用程序开发中不可避免地需要进行逻辑判断、数据库操作和事务处理等,程序代码会随着功能的增强而变得更为复杂。

Servlet 是基于 Java 语言的运行在服务器端的程序。它遵循标准的程序接口,一方面能够接收来自浏览器的 HTTP 请求,另一方面还适合进行逻辑控制、数据库操作等。但是由于必须由专业的开发人员编写,并且相关的一些网页设计也必须都在 Servlet 中编写,所以需要网页设计人员能够在 Servlet 的开发环境中进行页面制作或者 Servlet 开发人员能够进行专业的页面设计。页面一旦更新则必须重写并编译 Servlet。该项技术对网站的开发人员要求过高,同时系统的更新维护过程繁杂。

另外还有一些大型数据库厂商以自己的数据库产品为核心开发 Web 解决方案,但是它们大多兼容性差,不支持常用的 Web 服务器。开发人员在开发过程中需要根据具体应用的需要选用不同的编程技术。

2.5　数据访问接口 ODBC 的体系结构及工作原理研究

近年来,基于 C/S 结构构建数据库应用系统被广泛使用,其实现技术中采用了许多新的软件技术。在一个或多个服务器和大量用户的企业 C/S 结构数据库应用系统中,来自不同厂商的客户机软件以及用户开发的客户机应用要访问不同服务器的数据,这些数据可能存在于不同厂商的不同类型的数据库系统中。为了对这些数据进行透明的访问就需要开放的访问接口。其中,开放式数据库互联 ODBC(Opened Database Connectivity)是使用最广泛的接口之一,属于中间件技术。它是目前最流行的连接数据源的方法之一。

2.5.1　ODBC 的概念及作用

1. ODBC 的概念

ODBC 是与 Web 和数据库接口概念不同的另一种接口技术。它是 Windows 开放体系结构 WOSA(Windows Open System Architecture)的一部分,是 Windows 环境下一种数据库访问的接口标准。在短短几年中它被数据库界广泛接受,已成为事实上的工业标准。ODBC 主要用于处理关系型数据库,可以很好地用于关系型数据库的访问。

ODBC 定义了数据存取方法,且给应用程序提供了一致性的界面,有了一致性的 ODBC 及各种数据库专用的 ODBC 驱动程序之后,用户存取数据库更加简便,若改变数据库只需对 ODBC 驱动程序进行改变即可。可见,凡是提供 ODBC 驱动程序的数据库都可以成为网络数据库。

其实 ODBC 不但可以用于服务器数据库,对于单机数据库也可以采用 ODBC 接口来存取,这表示以 ODBC 来开发单机数据库程序之后,将来数据库扩充为服务器数据库,存取数据库的程序仍然可以使用。

2. ODBC 的作用

ODBC 的宗旨在于解决众多数据库产品给网络上多种不同用户的数据库共享与应用程序移植等带来的困难。

ODBC 应用数据通信方法、数据传输协议、DBMS 等多种技术为异构数据库的访问提供了一个统一接口,它允许应用程序以 SQL 程序访问不同的 DBMS,从而使得应用程序能以透明的方式访问异构数据库系统。目前,支持 ODBC 的有 SQL Server、Oracle 等十几种流行的 DBMS。

ODBC 是基于 SQL 语言的一种在 SQL 和应用界面之间的标准接口,它解决了嵌入式 SQL 接口非规范的核心问题,免除了应用软件随数据库的改变而改变的麻烦。

2.5.2 ODBC 的体系结构及各组件的基本功能研究

ODBC 使用层次的方法管理数据,描述了嵌入 ODBC 的应用程序和 ODBC 组成部件之间的关系。按照其功能层次可划分为 4 个组件,即 ODBC 应用程序接口(ODBC API)、驱动程序管理器(driver manager)、驱动程序(driver)和数据源(data source)。ODBC 的体系结构如图 2-4 所示。

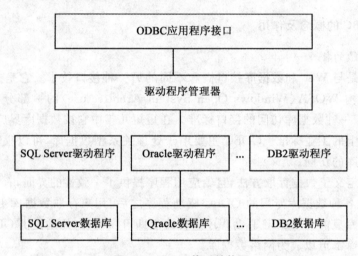

图 2-4 ODBC 体系结构图

ODBC 建立一组规范,并提供了一组对数据库访问的标准 API,程序员对于数据库的内部细节并不需要考虑。当应用程序需要对数据库进行操作时就可以通过 ODBC 接口来与数据库打交道。由于 ODBC 接口是统一和标准的,故所有使用 ODBC 接口访问数据库的程序都可以采用相同的写法。ODBC 是如何完成实际的数据库访问和操作的呢?我们从图中可以看到存在一个"驱动程序管理器"。同时,由于有很多种类的数据库都支持 ODBC,所以又存在许多个的 ODBC 驱动程序,它们都是由驱动程序管理器来进行管理的。通过这些数据库所提供的驱动程序,ODBC 可以对数据库进行访问和操作,ODBC 驱动程序可以代替程序员完成针对具体数据编写的程序。下面简介 4 个组件的基本功能。

1. ODBC 应用程序接口

应用程序接口(ODBC API)是 ODBC 运用数据通信、数据传输协议、DBMS 等多种技术协同完成的标准接口。应用程序通过 ODBC API 与数据源进行数据交换。

它的主要功能是:调用 ODBC 函数;递交 SQL 语句给 DBMS;检索出结果并

进行处理。应用程序可以调用 ODBC 支持的不同操作,即动态链接到不同的驱动程序上,从而可以调用不同类型的数据库。

它的操作包括:连接数据源,建立会话关系;向数据源发出 SQL 申请,定义数据缓冲区、数据格式;向用户提交处理结果,处理各种错误等内容。

应用程序可以调用 ODBC 支持的不同操作,即动态链接到不同的驱动程序上,从而可以调用不同类型的数据库。

2. ODBC 驱动程序管理器

ODBC 驱动程序管理器具有一个带入口的函数库的 DLL(动态链接库),用于连接所有的 ODBC 应用程序,可以管理应用程序和 DBMS 驱动程序之间的交互作用。

它的主要功能是:为应用程序加载驱动程序;提供 ODBC 调用参数的合法、有效;记录 ODBC 函数的调用;为不同驱动程序的 ODBC 函数提供单一的入口;调用正确的 DBMS 驱动程序;提供驱动程序信息。

此外,当一个应用程序与多个数据库连接时,驱动程序管理器能够保证应用程序正确地调用这些数据库系统的 DBMS,实现数据访问,并把来自数据源的数据传送给应用程序。

ODBC 驱动程序管理器能够完成 ODBC 数据源管理。驱动程序管理器是一个 Windows 环境下的应用程序,文件名为 ODBC32. EXE,在安装微软的 SQL Server、VB 等软件时,系统会自动安装 ODBC 驱动程序管理器。

ODBC 数据源管理器可以用来显示系统安装 SQL Server ODBC 驱动程序的版本信息,并可用来添加、更改和删除 SQL Server ODBC 驱动程序的数据源以及为用户、系统和文件数据源设置选项。

3. ODBC 驱动程序

数据库驱动是 ODBC 核心,用于支持 ODBC 访问系统级组件。使用 ODBC 开发数据库应用程序时,连接其他数据库和存取这些数据库的低层操作由驱动程序驱动各个数据库完成。ODBC 通过使用驱动来保持数据库的独立性。各主要数据库厂商都有提供支持自己的数据库的 ODBC 驱动程序。

它的主要功能是:处理 ODBC 调用,向数据库源提交用户请求执行的 SQL 语句,并将 SQL 语句译成相应的 DBMS 规定形式,负责与任何访问数据源的软件交互(包括与网络文件系统接口的服务)。

数据库驱动程序分为 2 种类型。

（1）单层驱动程序

它具有数据库引擎功能，主要适用于单机环境中。单层驱动程序的数据库应用程序结构如图 2-5 所示。

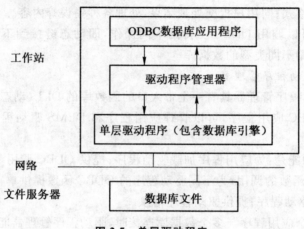

图 2-5　单层驱动程序

（2）多层驱动程序

它与数据库管理功能分离，基于多层驱动的数据库应用程序是客户/服务器结构。客户端软件由应用程序、驱动程序管理器、多层驱动程序和客户端网络支持软件组成，而服务端软件由服务器网络支持软件、数据库引擎与数据库文件等组成。如图 2-6 所示。

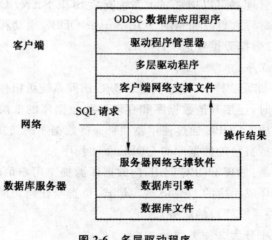

图 2-6　多层驱动程序

4. ODBC 数据源

数据源(DNS)是指用户所需要的数据库,它包含了数据库位置、数据库类型等信息,实际上是一种数据连接的抽象。

一般来说,数据源可以分为三类:

①用户数据源。只有定义该数据源的机器上的该用户有使用权限。

②文件数据源。定义该数据源的当前机器上的所有用户都具有使用权限。

③系统数据源。将用户定义的数据源信息保存到一个文件中,并可被不同机器上安装了相同驱动程序的用户共享。

ODBC 数据源的配置一般有两种方式,第一种为通过 ODBC 管理器进行配置;第二种为利用 ODBC API 自己编写程序来配置数据源。

下面以在 Windows 2000 上配置 SQL Server 2008 数据库文件 DNS 为例,阐述其具体步骤:

①打开"控制面板"下的"管理工具",从里面找到"数据源(ODBC)"图标并双击。

②这时候打开"ODBC 数据源管理器"窗口,如图 2-7 所示。其中前三个选项卡分别表示前面所提到的三种数据源。这里以选择"系统 DSN"为例进行。

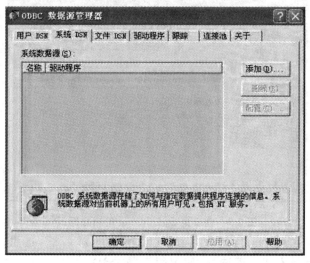

图 2-7　数据源管理器

③点击"添加"按钮,弹出"创建数据源"对话框,如图 2-8 所示。这里从列表框中选择"SQL Server"作为数据源的驱动程序。

图 2-8 创建数据源

④点击"完成"按钮，会出现"创建到 SQL Server 的新数据源"对话框，如图 2-9 所示。在这里可以输入要创建数据源的名称、描述，以及要连接到的服务器的名称。输入完成后如图 2-10 所示。

图 2-9 创建到 SQL Server 的新数据源

⑤点击"下一步"按钮，出现如图 2-11 所示的对话框，这里可以选择 SQL Server 的验证登录方式。若选择"使用网络登录 ID 的 Windows NT 验证"，则默认设置即可；若选择"使用用户登录 ID 和密码的 SQL Server 验证"，则必须正确输入登录 ID 和密码。这里选择前一种方式。

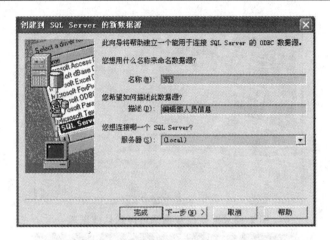

图 2-10　设置数据的名称、描述和对应数据库

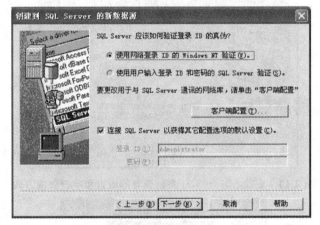

图 2-11　选择数据源登录方式

　　⑥点击"下一步"按钮,出现如图 2-12 所示的对话框。勾选"更改默认的数据库为"前面的复选框,选择对应的数据库。

　　⑦点击"下一步"按钮,出现如图 2-13 所示的对话框。按照图中方式勾选相应选项。

　　⑧点击"完成"按钮,出现如图 2-14 所示的对话框,显示新建 ODBC 数据源的信息总结报告。

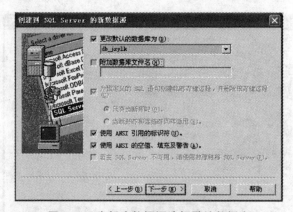

图 2-12　为新建数据源选择默认数据库

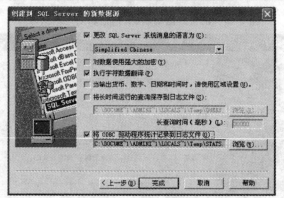

图 2-13　更改 SQL Server 系统信息的语言和字符转换方式

图 2-14　新建 ODBC 数据源的信息总结报告

⑨点击"测试数据"按钮,会进行数据源测试,若 DSN 创建成功,则会出现如图 2-15 所示的对话框,对话框中显示测试成功。

图 2-15　SQL Server ODBC 数据源测试

⑩点击"确定"按钮,然后返回最开始的"数据源管理器"界面,就会看到新建的 ODBC 数据源了。如图 2-16 所示。

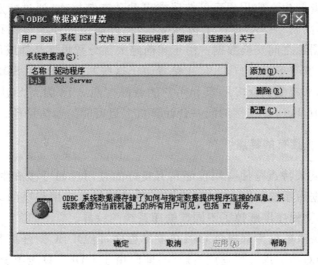

图 2-16　成功创建 ODBC 数据源

2.5.3 ODBC 的工作原理与过程研究

ODBC 的基本思想是提供独立程序来提取数据信息，并具有向应用程序输入数据的方法。Web 服务器通过 ODBC 访问数据库，ODBC 的工作原理如图 2-17 所示。

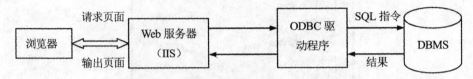

图 2-17 Web 服务器通过 ODBC 访问数据库

具体过程如下：Web 服务器通过 ODBC 数据库驱动程序向数据库系统发出 SQL 请求；数据库系统接到标准 SQL 查询语句并执行；数据库系统将执行后的查询结果再通过 ODBC 传回 Web 服务器；Web 服务器将结果以 HTML 网页传给 Web 浏览器。

由于有许多可行的通信方法、数据协议和 DBMS 能力，所以 ODBC 方案可以通过定义标准接口来允许使用不同技术，数据库驱动程序的新概念——动态链接库（DDL）也由此产生。应用程序可按请求启动动态链接库，通过特定通信方法访问特定数据源，同时 ODBC 提供了标准接口，允许应用程序编写者和库提供者在应用程序和数据源之间交换数据。由于当前绝大部分数据库全部或部分地遵从关系数据库概念，基于 SQL 的 ODBC 正是着眼于这些共同点，使用 SQL 可大大简化其 API，因而越来越受到众多厂家和用户的青睐。图 2-18 为当 SQL Server 应用程序在装有 SQL Server 实例的同一台计算机上运行时的通信路径。

2.5.4 ODBC 所具有的特点

ODBC 的最大特点是使应用程序具有良好的互用性和可移植性，并且具备同时访问多种数据库系统的能力，从而克服了传统数据库应用程序的缺陷。对用户来说，ODBC 驱动程序屏蔽掉了不同数据库系统的差异。

目前所有关系数据库都提供 ODBC 驱动程序，但 ODBC 对任何数据源都未作优化，这也许会对数据库存取速度有影响；同时由于 ODBC 只能用于关系数据库，使得很难利用 ODBC 访问对象数据库及其他非关系数据库。

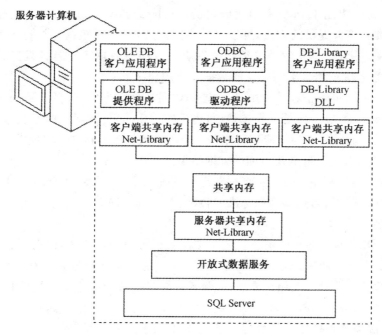

图 2-18 SQL Server 应用程序的通信路径

2.6 数据库连接技术 JDBC 的工作方式及结构分类研究

基于 B/S 系统架构的服务器端由 Web 服务器和数据库服务器组成,其中,Web 服务器负责执行 JSP 程序,JSP 程序通过 Java 数据库连接(Java Data Base Connectivity)接口和数据库服务器相连,并取得数据库中的数据。当然也可以通过 JDBC 向数据库发送 SQL 命令,对数据库进行添加、删除和修改记录等操作,这一切都需要依靠 JDBC 提供的类与方法来实现。可见,JDBC 是整个架构中最重要的部分,是开发应用系统的关键。

2.6.1 JDBC 的概念及工作方式

1. JDBC 的概念

JDBC 是由 Java 的开发者——Sun 的 Javasoft 公司制定的为各种常用数据库提供无缝连接的技术,是 Java 语言用来执行 SQL 语句的 Java API(Application Programming Interface,应用程序设计接口),是标准的数据库系统的接口。

JDBC 由一组用 Java 编程语言编写的类(class)和接口(Interface)组成,通过调用这些类和接口提供的方法,可以连接不同的数据库,对数据库执行 SQL 命令并取得结果。JDBC 本身就是一种数据库应用程序或数据库前台开发工具,开发人员可以用纯 Java 语言编写完整的数据库应用程序。

使用 JDBC,可以很容易地用 SQL 语句访问各种数据库,包括 Microsoft SQL Server、Sybase 和 Oracle 等。简单地说,为了实现 Java 与数据库的互联,JDBC 必须具备 3 项功能:第一,建立应用程序和一个网络数据库连接;第二,向数据库发送 SQL 语句;第三,处理数据库返回的查询结果。

JDBC 使用已有的 SQL 标准并支持与其他数据库连接,如 ODBC 之间的桥接。JDBC 实现了所有这些面向标准的目标,并且具有简单、严格类型定义且高性能实现的接口。

基于 JDBC 的数据库应用系统体系结构可以分为两层模型和三层模型两种,如图 2-19、图 2-20 所示。在两层模型中,Java 应用程序直接与数据库交互。客户端包括 JDBC 驱动程序及用户界面,而服务器端包括数据库管理系统(DBMS),是典型的客户/服务器结构。通过 JDBC,把 SQL 语句从客户端传送给服务器端的数据库;而服务器端把数据库执行 SQL 语句的结果传回给客户端。在实际构建数据库应用系统时,客户端和服务器端可以通过网络连接,也可以在同一机器上实现。

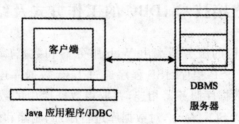

图 2-19 两层数据库应用系统

三层模型的典型代表就是当前流行的浏览器/服务器结构。客户端拥有高层的 API,它把命令发送到应用服务器(称为"中间层")上;而"中间层"驻留着 JD-BC,它把接收到的命令转换为 SQL 语句,并由 JDBC 发送到数据库管理系统 DBMS 服务器端;数据库系统把处理 SQL 语句的结果返回"中间层";继续由"中间层"返回客户端。三层模型可提供一些性能上的好处。到目前为止,通常都是采用 C 或 C++ 这类语言来编写中间层程序的,这些语言的执行速度更快。随着最优化编译器的引入,用 Java 来实现中间层成为一种更为实际的做法,这也是一个很大的进步,Java 的诸多优点也将得以充分利用。JDBC 对于从 Java 的中间层来访问数据库非常重要。在 JSP 中就是采用 JDBC 技术来实现对数据库的访问的。

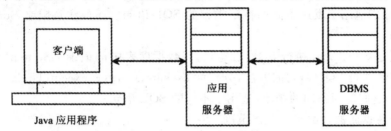

图 2-20　三层数据库应用系统

2.JDBC 的工作方式

JDBC 技术工作方式如图 2-21 所示。具体为:客户端首先访问 Web 服务器,下载 Java 字节码文件,并将 Applet 相关类的字节码文件和 JDBC 接口字节码文件下载到客户端,然后与 Web 服务器脱离,接着 Applet 根据数据库地址、端口号和账号与数据库服务器连接进行交互,这样用户与数据库服务器的交互是由浏览器直接完成的。由于 JDBC 技术的可操作性、可维护性、安全性、事务处理能力、使用效率都比较高,因此具有很大的优势。

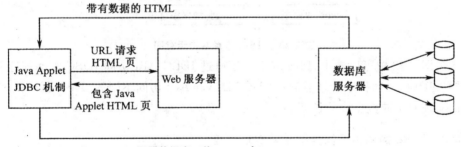

图 2-21　JDBC 技术工作示意图

2.6.2　JDBC 的结构探究

JDBC 有一个非常独特的动态连接结构,它的总体结构类似于 ODBC,也有相应的组件:Java 的应用程序、JDBC 驱动器管理器、驱动器和数据源。

用 JDBC 来实现访问数据库记录可以采用下面的几个步骤:

①通过驱动器管理器获取连接接口,以此连接到数据库。一个应用程序可以与单个数据库有一个或多个连接,也可以与许多个数据库有连接。

②获得 Statement 或它的子类。Statement 对象用于将 SQL 语句发送到数据库中,它实际上包括 Statement、PreparedStatement 和 CellStatement 等不同的种类,它们分别适用于发送不同的特定类型的 SQL 语句。还要注意限制 Statement 中的参数。

③通过 Statement 执行 SQL 语句,访问数据库表中的记录。Statement 接口提供了三种执行 SQL 语句的方法,分别为 executeQuery()、executeUpdate()、execute()。它们返回不同的结果,适用于不同的 SQL 语句。

④查看返回的行数是否超出范围。

⑤关闭 Statement 和连接接口。在不需要对象时将其关闭是一种良好的编程风格,不但能够立即释放 DBMS 资源,还能有效避免潜在的内存问题。

JDBC 是一个与数据库系统独立的 API,它包括两部分:面向应用的接口 JDBC API 和供底层开发的驱动程序接口 JDBC Driver API。图 2-22 是 JDBC 体系结构示意图。

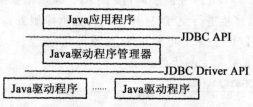

图 2-22　JDBC 体系结构示意图

从图 2-22 中可以看出,Java 应用程序通过 JDBC API 访问 JDBC 驱动程序管理器。JDBC 驱动程序管理器通过 JDBC Driver API 访问不同的 JDBC 驱动程序,从而实现对不同数据库的访问。

2.6.3　JDBC 的四种不同类型及其实现过程

为实现数据库的连接就必须有相应的驱动程序,JDBC 驱动程序可细分为四种类型:JDBC-ODBC 桥接驱动(JDBC-ODBC Bridge)、本地 API 半 Java 驱动(JDBC-Native API Bridge)、JDBC 中间件纯 Java 驱动程序(JDBC-middleware)、本地协议纯 Java 驱动程序(Pure JDBC driver)。不同类型的驱动程序有不同的程序实现方式,在与网络数据库进行连接时,应选择合适的驱动程序。

1.JDBC-ODBC 桥接驱动

这是一种桥接器型的驱动程序,JDBC 驱动程序是 JDBC-ODBC 桥再加上一个 ODBC 驱动程序。这类驱动程序在 ODBC 驱动程序基础上增加对 JDBC 访问,可以用于使用 ODBC 技术的操作系统,例如 Windows 应用服务器。

这类程序必须在客户端的计算机上事先安装好 ODBC 驱动程序,然后利用 JDBC-ODBC 的调用方法,通过 ODBC 来存取数据库。

具体实现过程如下所示:

Application→ JDBC-ODBC Bridge-JDBC → ODBC Library → ODBC Driver →Database

这种类型的驱动程序最容易和任何网络数据库连接,只要有 ODBC 接口就可以直接使用 JDBC-ODBC 桥与数据库连接,而无须因为后端数据库的改变而改动相应的程序代码。它最适合于企业网或用 Java 编写的三层结构的应用程序服务器代码。

2.本地 API 半 Java 驱动

这也是一种桥接器型的驱动程序。与 JDBC-ODBC 桥接驱动相同,这类程序也必须先在客户端计算机上安装好特定的驱动程序(类似 ODBC),然后通过 JDBC Native API 桥接器进行转换,把 Java API 调用转换成特定驱动程序的调用方法,进而存取数据库。

具体实现过程如下所示:

Application→JDBC Drive→Native Database library→Database

Oracle 和 IBM 等一些主流的数据库厂商都为其企业数据库平台提供了这类驱动程序,开发者必须要有针对性的使用这些驱动程序。

由于第一种、第二种类型的驱动程序不是用纯 Java 语言开发的,使得程序的可移植性比较差,需要事先配置 ODBC,操作繁琐。因此,在一般情况下,不建议使用桥接器型的驱动程序。

3.JDBC 中间件纯 Java 驱动程序

该 JDBC 驱动程序是面向数据库中间件(middleware)的纯 Java 驱动程序,JD-BC 调用被转换成一种中间件厂商的协议,中间件再把这些调用转换到数据库 API。

具体实现过程如下所示:

Application→JDBC Drive→Java middleware→JDBC Driver→Database

这类驱动程序的优点是以服务器为基础,也就是不再需要客户端的本机代码,因此速度更快。另外,开发者还可以利用单一的驱动程序连接到多种不同的数据库。目前一些数据库提供者正在将 JDBC 驱动程序添加到其现有的数据库中间件产品中。

4.本地协议纯 Java 驱动程序

这种类型的驱动程序是最成熟的 JDBC 驱动程序,无须安装任何额外的驱动程序和中间件,由驱动程序直接来完成存取数据库的操作,即所谓的"瘦(thin)"驱动程序。它把 JDBC 调用转换成某种直接可被 DBMS 使用的网络协议,这样,客户机和应用服务器可以直接调用 DBMS 服务器,这是 Internet/Intranet 访问的一个很实用的解决方法。这类驱动程序具有较高的性能,能够直接访问 DBMS,所以被广泛使用。

具体实现过程如下所示:

Application→JDBC driver→Database engine→Database

第三种和第四种驱动程序直接用程序实现,使可移植性提高,达到跨平台的目的,避免在计算机上配置 ODBC 驱动程序。因此,在为数据库选择驱动程序时,应尽量以这两种驱动程序为主。

2.6.4 JDBC 与 ODBC 的分析比较

JDBC 是以 X/open SQL Call Level Interface 为基础的,是用于访问 SQL 数据的国际标准,因此,JDBC API 可以实现对任何 SQL 数据库(Oracle、SQL Server 及 Sybase 等)的访问,并且具有跨平台访问数据库的能力。ODBC 也基于这一标准,在数据库系统开发中,也同样得到了广泛使用。

在功能方面,JDBC 与 ODBC 相同,它为程序员提供了统一的数据库访问接口。不过,ODBC 并不能取代 JDBC。主要原因在于以下几点:

①ODBC API 是由 C 语言实现的,而当 Java 直接调用 C 语言程序时,系统的安全性、完整性及健壮性很难保证,因此,在 Java 中不适合直接使用 ODBC API。目前在 Java 中使用 ODBC 需要 JDBC 的协助,用 JDBC-ODBC 桥接器实现与数据库的连接。

②ODBC API 大量使用指针,难于实现 ODBC API 到 Java API 的转化。而 Java 并非如此。

③与 ODBC API 相比,JDBC 更容易学习和掌握。

④用 ODBC 开发数据库应用系统时,在每台客户端上都必须安装 ODBC 驱动器和驱动管理器。JDBC 的出现是与基于网络计算的 Java 流行密不可分的。采用 JDBC,强化 Java 的风格和优点,就能最大限度地满足 Java 数据库应用系统的跨平台特性。

目前,除了 ODBC 以外,微软还有基于面向对象的其他一些数据库接口,但它们并不能完全取代 ODBC。当前,数据库的接口呈现 ODBC 和 JDBC 并存的局面,相信随着计算机网络的普及与发展,JDBC 的发展将更具有优势。

2.6.5　JDBC 所具有的特点

JDBC API 用于连接 Java 应用程序与各种关系数据库。以下是使用 JDBC 的优缺点。

1.JDBC 的优点

①JDBC API 有利于用户理解。

②JDBC 将编程人员从复杂的驱动器调用命令和函数中解脱出来,使其有更多的精力可以投入到应用程序中的关键地方。

③JDBC 可以支持不同的关系数据库,大大加强了程序的可移植性。

④用户可以使用 JDBC-ODBC 桥驱动器将 JDBC 函数调用转换为 ODBC。

⑤JDBC API 是面向对象的,可将常用的方法封装为一个类,以备后用。

2.JDBC 的缺点

①使用 JDBC,在一定程度上,访问数据记录的速度会受到影响。

②JDBC 结构中包含了不同厂家的产品,更改数据源极其不方便。

2.7　存取数据对象 ADO 的工作原理及功能特点研究

Microsoft 通过 OLE DB 实现应用程序各种各样的数据源的访问,OLE DB 标准的具体实现是一组符合 COM 的 API 函数。使用 OLE DB API 可以编写能访问符合 OLE DB 标准的任何数据源的应用程序,以及针对某些特定数据存储的查询处理器和游标引擎。但是,OLE DB 应用程序编程接口主要以为各种应用程序提供最佳的功能为主要目的,而并不符合简单化的要求。ADO 数据对象是开发访问 OLE DB 数据库应用程序的一种 API(应用程序接口)。Visual C++、Visual Basic、VBScript 以及 ASP 等大部分程序设计语言都提供对 ADO 的支持。

ADO(ActiveX Data Objects,Active)(数据对象)技术是 Microsoft 公司提供的统一数据访问接口。它构建于 OLE DB API 之上,提供一种面向对象的、与语言无关的应用程序编程接口,提供可以访问各种数据类型的连接机制。通过它,Web 页面开发者找到了轻松存取 Internet 数据库的方法,并正开发出网上即时操作的 Web 页面应用程序。

2.7.1　ADO 的引进及其应用模型

OLE DB 是建立于 ODBC 成功的基础之上的一种开放性规范,它提供了访问各种数据库的开放性标准。Microsoft 通过 OLE DB 实现应用程序各种各样的数据源的访问,OLE DB 标准的具体实现是一组符合 COM 的 API 函数。OLE DB 的组件包括三个组成部分:数据提供者(包含和展示数据);数据消费者(使用数据);服务组件(收集数据和排序显示)。它比 ODBC 更加优越体现在 ODBC 提供了对关系数据库的访问,而 OLE DB 不但能提供对关系型数据的访问,还能够提供对非关系数据的访问;OLE DB 对数据物理结构的依赖更少;OLE DB 不必严格基于 SQL,其命令可以是 SQL 语句或者其他的文本字符串。使用 OLE DB API 可以编写能访问符合 OLE DB 标准的任何数据源的应用程序,以及针对某些特定数据存储的查询处理器和游标引擎。OLE DB 采用 C++ 概念进行设计,目的是尽可能提高中间层模块数据访问的性能。但是,OLE DB 应用程序编程接口主要以为各种应用程序提供最佳的功能为主要目的,而并不符合简单化的要求。它不能在 VB 或 ASP 中直接使用,于是,微软又引进了 ActiveX 数据对象(ADO)。ADO 数据对象是开发访问 OLE DB 数据库应用程序的一种 API(应用程序接口)。Visual C++、Visual Basic、VBScript 以及 ASP 等大部分程序设计语言都提供对 ADO 的支持。

ADO 是一种可移植组件,且可以跨平台移植。在 ASP 中,OLE DB 介于 ODBC 层和应用程序之间,ADO 是 OLE DB 之上的"应用程序"。OLE DB 基本上就是 OLE 技术在数据库中的应用,是用 C++ 语言开发的,给 ODBC 的功能提供了标准的 COM 接口。

ADO 是一个 ASP 内置的服务器组件,它是一座连接 Web 应用程序和 OLE DB 的桥梁,它支持 ODBC 标准的关系型数据库。运用它结合 ASP 技术可在网页中执行 SQL 命令,达到数据库访问的目的。

ADO 建立了 Web 式访问数据库的脚本编写模型,不但支持所有大型数据库的核心功能,而且还支持许多数据库转悠的特性。它使用本机数据源通过 ODBC 或者相应的数据库引擎对各类数据库(可以是关系型数据库、文本型数据库、层次型数据库或任何其他支持 ODBC 的数据库)进行访问。

ADO、OLE DB、ODBC 三者之间的联系如图 2-23 所示。

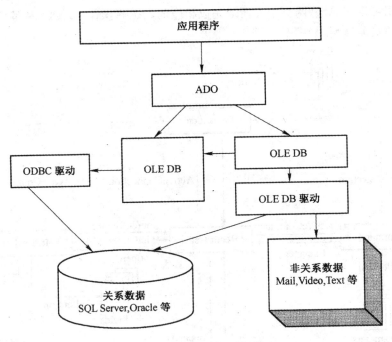

图 2-23　ADO 应用模型

2.7.2　ADO 的工作原理

用 ADO 访问数据库更类似于编写数据库应用程序。ADO 可以说是 ASP 技术的核心之一，集中体现了 ASP 技术丰富而灵活的数据库访问功能。它相对于访问数据库的 CGI 而言是多线程的，在出现大量并发请求时也同样可以保持服务器的运行效率，并可以通过连接池技术以及对数据库连接资源的完全控制，提供与远程数据库的高效连接及访问。另外，它还支持事务处理，能够开发具有高效率和高可靠性的数据库应用程序。

OLE DB 提供了一组直接访问 OLE DB 数据源的非常低级的方法，而 ADO 提供了更为高级的并且容易理解的访问 OLE DB 数据源的机制。ADO 是新一代数据访问与连接标准——UDA 模型的核心技术。

ADO 把绝大部分的数据库操作封装在其内部的 7 个对象[①]中，通过对这些对

---

①　Connection 连接对象、Recordset 数据集对象、Command 命令对象、Parameter 参数对象、Property 属性对象、Field 域对象、Error 错误对象。

象的调用可以在 ASP 网页中方便地完成相应的数据库操作。ADO 内部有多个相互独立的对象模型,如图 2-24 所示。

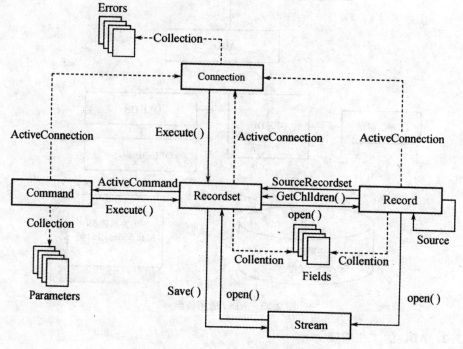

图 2-24　ADO 对象模型

在 ASP 中通过 ADO 访问 SQL Server 数据库来生成动态网页是一大核心内容。其流程可用图 2-25 来描述。

图 2-25　ASP 应用程序的工作流程

其中,OLE DB 的主要功用的连接各种不同的数据库,因此,对于它的内部结构开发者并不需要确切地了解,掌握利用它连接数据库的方法即可。

2.7.3　ADO 的功能及特点

ADO 集中了 DAO 和 RDO 的优点,并且也有 DAO 和 RDO 的严格层次关系。

由于 ADO 的对象层次不是很严格,所以能够很容易地创建和管理 ADO 对象。ADO 是专门为"C/S"应用程序设计的,并且可以在 VBScript 脚本中使用,所以非常适合 Web 和数据服务器端的集成。

ADO 除了具有传统数据库开发环境的优点外,还增加了一些更为先进的功能。它几乎兼容于所有的数据库系统,并对各种数据库都提供相同的处理界面供程序设计人员使用。

1. ADO 的功能

ADO 支持开发 C/S 和 B/S 应用程序,其中它发挥着关键性的作用。ADO 之所以会有强大的功能,其主要的原因就在于它能够使用相同的编程模型连接到任何 OLE DB 数据提供者,而并不用考虑数据提供者的具体特性。其具体的功能主要包括:

①独立创建对象。由于绝大多数的 ADO 对象可以独立创建,因此,使用 ADO 不再需要浏览整个层次结构来创建对象。它的这一功能允许用户只创建和跟踪需要的对象,这样,ADO 对象的数目较少,所以工作集也更小。

②支持分批修改数据库中的内容。首先通过本地缓存对多个数据库记录的更改,然后在一次更新中把它们全部传送到服务器。

③支持带参数和返回值的存储过程。

④支持所有类型的游标。可以支持诸如 SQL Server 和 Oracle 这样的数据库后端特定的游标。

⑤可以限制返回行的数目和其他的查询目标,并对数据进行过滤,从而进一步调整性能。

⑥支持多条件查询,也可以返回多个记录集的查询结果。

⑦支持服务器端的存储过程。可以大大提高服务器应用程序的效率。

⑧先进的 Recordset 数据高速缓存管理功能。

⑨允许在程序中使用多个 Recordset 对象或者多个分批修改区块传送。

2. ADO 的特点

ADO 具有广泛的应用,几乎可以在任何支持 COM 以及 OLE 的服务器端操作系统上使用。利用 ADO 开发数据库应用程序有很多优点与特色,现列举其如下:

①ADO 最主要的优点是设计简单,方便使用,速度快,内存支出少和占用磁盘空间小等;ADO 实施起来也非常方便,几乎所有主要的快速应用开发(RAD)工具、数据库工具和语言中都集成了 ADO。

②ADO 在关键的应用方案中使用最少的网络流量，并且在前端和数据源之间使用最少的层数，目的就是为提供轻量、高性能的接口。

③ADO 支持多种程序设计语言，可以兼容从桌面数据库到网络数据库等所有的数据库系统，并提供相同的处理方法。

④ADO 在 Visual Basic 高级语言开发环境中以及服务器端脚本语言中均可使用，这对于开发 Web 应用，在 ASP 的脚本代码访问数据库中提供了操作应用的捷径。

总之，ADO 提供了一个应用程序设计的界面，可在 Active Server Page 中直接调用 ADO 与数据库通信。

第3章 网络数据库运行平台的建立研究

本章重点探讨有关网络数据库运行平台建立的相关内容。前面的章节中已经阐述了数据库应用系统的几种层次模型,其中,B/S 模式结合 Web 技术和数据库技术实现了跨平台的应用和多媒体服务。

基于 B/S 模式的信息系统通常采用 3 层结构:浏览器、Web 服务器、数据库服务器,如图 3-1 所示。Web 服务器主要负责接受浏览器发来的请求,并向数据库服务器发送数据请求,然后将执行的结果以 HTML 或 Script 等格式发回给浏览器。

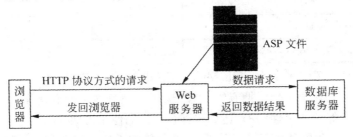

图 3-1 B/S 模式

可见,Web 服务器环境的建立是正常运行 ASP 文件的必要前提。Web 服务器有很多可供选择的种类,这里主要讨论基于 Windows XP 操作系统的 IIS(Internet Information Server,Internet 信息服务器)。

3.1 系统的软硬件环境

ASP 程序必须在支持 ASP 的 Web 服务器上才能运行,要实现这一目标,个人用户可以将计算机虚拟为 Web 服务器,如果计算机使用的是 Windows 系统,可以安装微软的 IIS。

1.硬件的需求

安装 IIS 应当具备的硬件条件:

一台能够运行 Windows XP 操作系统的计算机,内存大于 128MB,可用的硬盘空间大于 5GB。

在实际中,一般在安装软件时推荐使用的硬件条件要远远高于这个要求。

2.软件的需求

针对不同的操作系统,所使用的 Web 服务器软件也有所不同,具体配置见表 3-1。

表 3-1　Web 服务器软件

操作系统	Web 服务器软件
Windows 95/98/Me	PWS 4.0(个人 Web 服务器)
Windows NT Workstation	PWS 4.0
Windows NT Server	IIS 4.0
Windows 2000（Professional ＋ Advanced Server)/XP	IIS 5.0/5.1(支持最新的 ASP 3.0)
Windows Server 2003	IIS 6.0
Windows Vista/Windows Server 2008	IIS 7.0

Windows 系列操作系统是由 Microsoft(微软)公司开发的、在当前极为流行的操作系统。它在中国地区拥有绝大部分用户。使用该系统作为平台开发出的应用程序具有良好的通用性,并且还比较符合用户的使用习惯。

IIS Web 服务器是运行于 Windows 系列操作系统上的应用程序,它能在单机上模拟网络服务器环境,对用户的 ASP 程序进行处理,在这种环境下访问本机上的网页程序如同浏览真正的网页,使用它能极大地方便编写和调试动态网页程序,是开发动态网页不可缺少的专用工具。

此外,建立 ASP 应用程序需要具备的其他条件有:

①后台数据库,本书采用 SQL Server 2008 数据库管理系统。

②浏览器,推荐使用 Internet Explorer 6.0 以上版本。

③页面设计软件,采用 Dreamweaver MX 或 Visual ImerDev。

3.2　IIS 服务器的配置

IIS(Internet Information Server)是微软 Internet 信息服务的简称。IIS 有许多不同的版本,目前占有将近一半的 Web 服务器市场,这里对目前国内较常使用的 IIS 5.0 版进行讨论分析。在 Windows XP 操作系统里就包含 Web 服务器产品 IIS 5.1。

IIS 5.1 版本可以提供多种服务,如 Web 服务、FTP 服务、E-mail 服务等,其中

WWW 服务是最重要的服务。

3.2.1　IIS 简介

IIS 提供了一个图形界面的管理工具,可用于监视配置和控制 Internet 服务。Internet 服务管理器可工作于运行 Windows NT Workstation 或 Windows NT Server 以及通过网络连接到 Web 服务器的计算机上。

Internet 服务管理器处于中心位置,能够对网络系统中所有运行 IIS 的计算机进行有效、合理的控制。通过 IIS 能够建立一套集成的服务器服务,包括 HTTP、FTP 和 SMTP 等服务,它提供集成了现有产品且可扩展的 Internet 服务器。

IIS 具有如下特性:

(1)IIS 支持与语言无关的脚本编写和组件

IIS 完全支持 VBScript、JScript 开发软件以及 Java,也支持 CGI、WinCGI 以及 ISAPI 扩展和过滤器,因此,开发人员不需要学习新的脚本语言或者编译应用程序就能够利用它在服务器上配置新一代动态的、富有魅力的 Web 站点。

(2)IIS 支持 ISAPI

使用 ISAPI 可以扩展服务器功能,另外,使用 ISAPI 过滤器可以预先处理和事后处理存储在 IIS 上的数据。用于 32 位 Windows 应用程序的 Internet 扩展可以把 FTP、SMTP 和 HTTP 协议置于容易使用且任务集中的界面中,这些界面从很大程度上能够简化 Internet 应用程序。

(3)IIS 支持 MIME

MIME 是 Multipurpose Internet Mail Extensions 的简称,多用于 Internet 邮件扩展。它能够为 Internet 应用程序的访问提供一个简单的注册项。

(4)IIS 支持 ASP

这是 IIS 一个极其重要的特性。ASP 在 IIS 3.0 版本以后被引入进来,利用它张贴动态内容和开发基于 Web 的应用程序都变得非常简单。

IIS 为以下软件、系统或程序提供了强大的本地支持,诸如:VBScript、JScript 开发软件,Visual Basic、Java、Visual C ++开发的系统,或者现有的 CGI 和 WinCGI 脚本开发的应用程序。

3.2.2　IIS 的安装

Windows 2000 Server 在安装的过程中会自动安装 IIS 5.0,而 Windows 2000 Professional 和 Windows XP 则必须用添加 Windows 组件的方式另行安装。

下面以 Windows XP 为例,阐述如何安装 IIS 5.1。

IIS 5.1 并不是 Windows XP 的默认安装组件,因此,可以在安装系统时定制安装,也可以在系统安装完成后,通过"添加/删除程序"组件来安装。

1. 安装前的准备工作

安装 IIS 前先做好如下工作。

①安装好 TCP/IP 协议。这是进一步建立 Web 服务器的基本前提。

②设置好固定的 IP 地址。前提是:正确安装网卡,并进行正确的网络连接。在此基础上再开始 IP 地址的设置。

③安装域名服务(DNS)。域名服务能将主机域名转换成对应的 IP 地址,从而不必再记忆繁杂的 IP 地址。

2. IIS 的安装

IIS 安装的具体步骤如下。

①进入"控制面板",双击"添加/删除程序"选项,单击"添加/删除 Windows 组件",这时打开"Windows 组件向导",如图 3-2 所示。

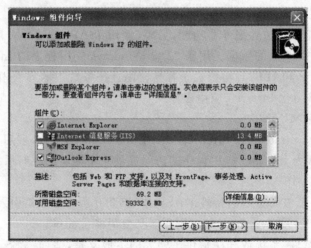

图 3-2 "Windows 组件向导"(1)

②在"Windows 组件向导"列表框中选择"Internet 信息服务(IIS)",然后点击"下一步"按钮。系统将开始安装 IIS。如图 3-3 所示。

③在安装的过程中经常会弹出需要"文件复制来源"的对话框,这时点击"浏览"分别按要求找到文件路径。

④然后出现如图 3-4 所示的界面,单击"完成"按钮,则安装完成。

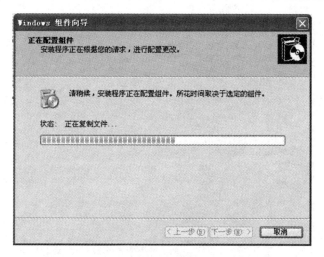

图 3-3　"Windows 组件向导"(2)

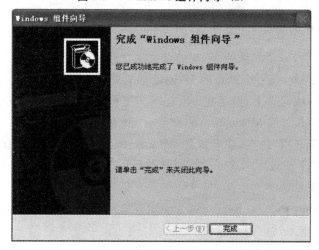

图 3-4　"Windows 组件向导"(3)

⑤ 当 IIS 添加成功之后,选择"开始"→"程序"→"管理工具"→"Internet 服务"就可以打开 IIS 管理器,IIS 的界面如图 3-5 所示。

对于"已停止"的服务,在其上单击右键,选择"启动"来开启。

在 Internet 服务管理器中可以对 Web 站点进行全面的管理,包括建立新的站点、站点的日常维护等工作。

图 3-5 Internet 信息服务

3.2.3　Web 站点的创建

安装好 IIS 后,一个默认的 Web 站点也随之建成了。可以利用一台计算机在 IIS 下创建多个站点,每一个站点的 IP 地址都需要一块网卡。实际上,可以将多个 IP 地址绑定到一块网卡上,但是在 Internet 流量较大时不推荐使用这种配置。

注意:带 IIS 5.1 的 Microsoft Windows XP 在单一计算机上只可以主持一个 Web 站点和一个 FTP 站点,在升级到 Microsoft Windows 2000 Server 之后就可以在单一计算机上开设多个 Web 或 FTP 站点了。

1. 建立新站点

下面以 Windows 2000 Server 版为例对建立新站点的方法进行阐述。

使用 IIS 创建新站点的步骤如下。

①打开"管理工具",选择"Internet 信息服务"。

②在 Internet 服务器中"默认 Web 站点"处单击右键,从弹出的菜单中选择"新建"→"Web 站点",如图 3-6 所示。

③单击"下一步"按钮,根据提示在"说明"处输入任意能够说明它的内容(如"我的第二个 web 站点"),Internet 服务管理器就是通过此说明来识别新创建的站点的。

④再单击"下一步"按钮,出现如图 3-7 所示的对话框,在"输入 Web 站点使用的 IP 地址"中选择需要给它绑定的 IP 地址。默认的端口为 80,一般不需更改。

图 3-6　Web 站点创建向导

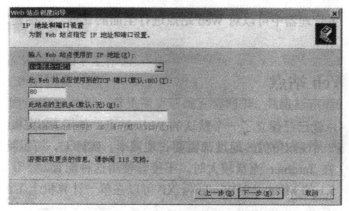

图 3-7　Web 站点创建向导

⑤单击"下一步"按钮,出现如图 3-8 所示的对话框,在"路径"一栏可以设置 Web 站点的主目录路径。

每一个 Web 站点必须有一个主目录,客户机可以通过域名访问这个 Web 站点的主目录。如果在同一台计算机上设置 Web 站点和 FTP 站点,就必须为每一种服务指定不同的主目录。WWW 服务和 FTP 服务的默认主目录分别为 C:\Inetpub\wwwroot 和 C:\Inetpub\ftproot。

所谓主目录也是 Web 页面的根目录,站点访问者以此为起点来访问整个网站的。它包含主页(如 index. Htm,default. htm 或 iisstart. asp 名称的页面)和索引文件,以及站点其他页面的链接。

⑥单击"下一步"按钮,显示如图 3-9 所示的对话框,设置 Web 站点的访问权限。

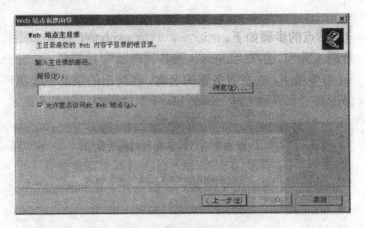

图 3-8　Web 站点创建向导

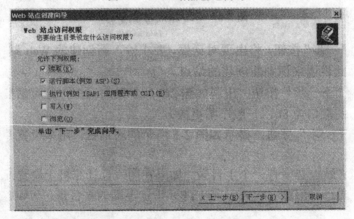

图 3-9　Web 站点创建向导

各项内容的具体含义如下：

"读取"。这是一项最基本的权限，表示允许 Web 客户端读取或下载储存在主目录或虚拟目录中的文件。

"运行脚本"。它表示允许在该目录（未设置"执行"权限）中运行脚本引擎，允许 Web 服务器执行 ASP 程序。通过该权限可以限制那些能够在该目录中运行的应用程序，因此它比"执行"权限拥有更高的安全性。如果客户端请求运行的脚本保存在没有"脚本"权限的文件夹中，Web 服务器将返回错误信息。

"执行"。表示允许在该目录中运行任何应用程序，包括脚本引擎和 Windows 的二进制文件，例如扩展名是 .dll 或 .exe 的文件。通常情况下，为了确保安全，不建议对内容文件夹授予"执行"权限。

"写入"。表示允许 Web 客户端更改文件内容和属性。

"浏览"。表示 Web 客户端可以浏览主目录或虚拟目录内的文档。

⑦单击"下一步"按钮，便完成新 Web 站点的创建。如图 3-10 所示。

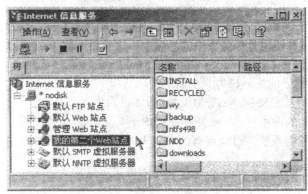

图 3-10　建立第二个 Web 站点

2. 一个 IP 地址对应多个 Web 站点

按上面的方法完成多个 Web 站点的建立。对于虚拟主机，可以通过给各 Web 站点设不同的端口号来实现，如给一个 Web 站点设为 80，其他分别设为 81、82……（如图 3-11 所示）。则对于端口号是 80 的 Web 站点，访问格式仍为 IP 地址，设定其他端口号的 Web 站点，访问格式为 IP 地址面加相应的端口号，如"http://192.168.0.1:81"。

修改了端口号之后使用也变得不那么简捷。如果已经在 DNS 服务器中将所有需要的域名都已经映射到了此唯一的 IP 地址，可以通过设置不同"主机头名"的方法直接用域名来完成对不同 Web 站点的访问。

例如，本机只有一个 IP 地址：192.168.0.1，两个 Web 站点："默认 Web 站点"和"我的第二个 Web 站点"。如果想通过输入"www.enanshan.com"和"www.popunet.com"分别对上述站点进行访问。可以进行如下设置：

①首先要确保已先在 DNS 服务器中将这两个域名都映射到个 IP 地址（192.168.0.1），并且所有的 Web 站点的端口号默认为 80。

②对"默认 Web 站点"的属性进行设置，在"网站"选项卡下单击"IP 地址"右侧的"高级"按钮，在"网站的多个标识"下双击已有的 IP 地址，然后在"主机头名"下输入 www.enanshan.com（如图 3-12 所示）。然后单击"确定"按钮，保存退出。

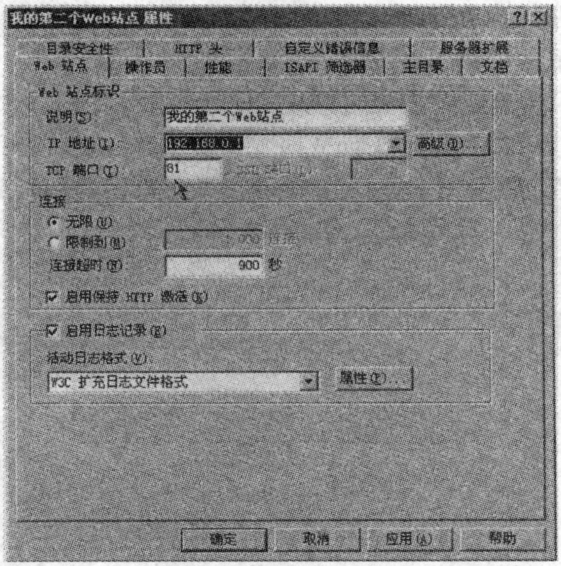

图 3-11　Web 站点属性

图 3-12　默认 Web 站点属性

③用同样的方法对"我的第二个 Web 站点"进行设置，其主机头名设置为

"www. popunet. com"。

④在 IE 浏览器的地址栏输入不同的网址,就可以对不同 Web 站点的内容进行访问。

3.多个域名对应同一个 Web 站点

操作步骤如下:首先,将某个 IP 地址绑定到 Web 站点上;然后,在 DNS 服务器中将所需域名全部映射到这个 IP 地址上。

经过上述简单的设置,再在浏览器中输入任何一个域名,都会直接得到所设置好的那个网站的内容。

3.2.4　Web 站点的设置

一个刚刚创建的 Web 站点拥有系统为它设置的默认属性,当然,如果用户有需要,可以对其进行重新设置。在 IIS 中,可以为不同的站点设置不同的属性内容。

在 Internet 服务管理器界面中,选择"默认网站"并右击,在弹出的快捷菜单中选择"属性"项,则弹出"默认网站属性"对话框。可以看到对话框中有 8 个选项卡,下面对几个常用的选项卡进行简单说明。

1."网站"选项卡

"网站"选项卡用于设置 Web 站点的基本属性,如图 3-13 所示。

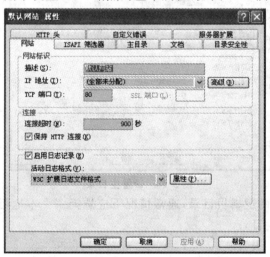

图 3-13　"默认 Web 站点属性"对话框

①描述：用于输入站点说明性文字，出现在 IIS 控制台目录树中。

②TCP 端口：HTTP 服务的默认端口是 80，如修改此数值则相应的 URL 的书写形式也应改变。

③连接超时：用于设置超时的时间。若客户端建立连接，在所设定的时间内没有访问操作，系统将该连接强制断开。

④保持 HTTP 连接：若不选该项，当网页中包含多个文件连接时，客户每下载一个文件就要与 Web 服务器建立一个连接，导致 Web 服务器的执行性能大打折扣。

⑤启用日志记录：记录用户活动的细节并以选择的格式创建日志。此处有两种可选格式。一种为 Microsoft IIS 日志文件格式：固定 ASCII 格式；另一种为 W3C 扩展日志文件格式：可自定义的 ASCII 格式。

2."主目录"选项卡

"主目录"选项卡用来设置访问 Web 站点的主目录和访问权限，如图 3-14 所示。

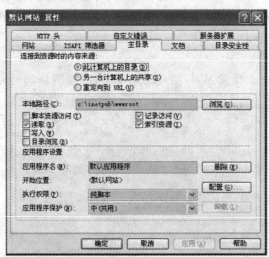

图 3-14　设置主目录

主目录是站点的逻辑根目录，通常情况下应选择一个本地可访问的文件目录作为 Web 站点的主目录。

(1)"本地路径"设置

IIS 安装完后，站点的默认主目录（根目录）是 c:\inetpub\wwwroot。当然也可以修改主目录的位置。例如，将站点的主目录改为 E:\www 则表明网站的所有文件均存放在该目录下。

(2)访问权限设置

设置访问权限时,要注意:

①"脚本资源访问"权限若勾选,则表明允许用户浏览器请求访问站点上的动态网页。

②"读取"权限一定要勾选,这样能够保证 Web 站点被客户浏览器访问。

③"写入"权限一般不勾选,否则表明允许客户修改站点上的文件。

④"目录浏览"权限一般不勾选,从而保证安全性。因为该功能能够允许用户浏览站点目录。

(3)"执行权限"设置

"执行权限"可设置为"无"、"纯脚本"、"脚本和可执行文件",它们的含义如下:

①无:表示不允许在 Web 站中运行程序包括服务器端 ASP 脚本。

②纯脚本:表示只能执行 ASP 程序。

③脚本和可执行文件:表示允许在 Web 站点上执行所有的应用程序(包括.exe文件和 DLL 库)。

3."文档"选项卡

"文档"选项卡主要用来设定在未指定所要访问的网页文件时,系统默认访问的页面文件,如图 3-15 所示。

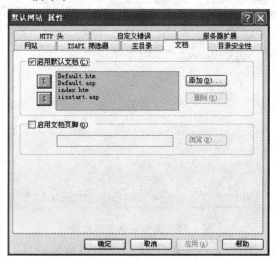

图 3-15　设置主页文档

比较常用的主页文件名包括 index. asp、index. htm(1)、default. asp、default. htm(1)等。主页文档在列表框中排列的先后顺序也是站点对它们的解析顺序。

例如,根据图 3-15 的设置,可知站点对主页文档的解析顺序 default. htm→default. asp,依次向下。若列表框中所指定的主页文档均不能找到,则显示 HT-TP403 错误(即禁止访问)。

3.2.5 虚拟目录的建立与删除

1.建立虚拟目录

前面已提到客户端浏览器通过域名访问 Web 站点的主目录,若还希望访问主目录下的其他目录内容,则必须创建虚拟目录。虚拟目录不包含在主目录下,但很像主目录下的子目录,它的内容可以显示在客户浏览器上。

虚拟目录有一个别名,浏览器可以通过它访问该目录。从另一方面讲,因为用户不知道文件在服务器中的实际目录,就不能修改文件内容,从而提高了安全性。

网站虚拟目录配置步骤如下:

①打开"Internet 信息服务"界面。

②执行"新建"→"虚拟目录"命令,在出现的"虚拟目录创建向导"对话框中点击"下一步"进入如图 3-16 所示的对话框,输入虚拟目录"别名",如 chinapub。

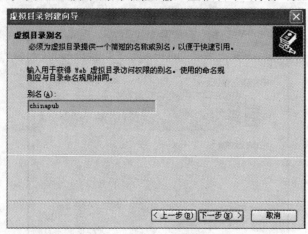

图 3-16 虚拟目录创建向导

③单击"下一步"按钮,进入如图 3-17 所示的对话框,可以直接在"目录"编辑框中输入物理目录的路径,也可通过单击"浏览"按钮选择路径。

④单击"下一步"按钮,如图 3-18 所示的对话框,在这里可设置访问权限,通常

情况下,如果无特殊要求对默认的设置不做修改。

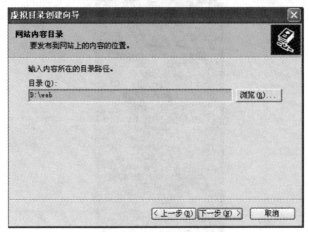

图 3-17　虚拟目录创建向导

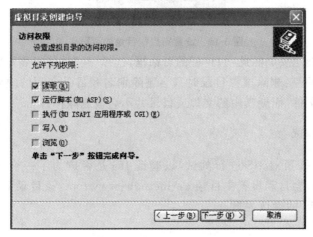

图 3-18　虚拟目录创建向导

　　⑤单击"下一步"按钮,进入虚拟目录创建完成界面,单击"完成"按钮。回到"Internet 信息服务"界面,如图 3-19 所示,选择树列表中的"默认网站"就可以看到设置完成的虚拟目录 chinapub。

　　2.删除虚拟目录

　　对于不再需要的某个虚拟目录,可以将其删除。具体操作如下:

　　在"Internet 信息服务"中打开"默认网站",选择需要删除的虚拟目录,可以通过"操作"→"删除"命令删除;也可以右键直接选择"删除"命令。不管执行何种操

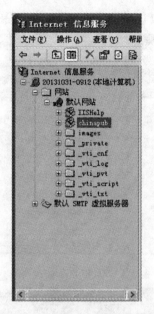

图 3-19　设置完虚拟目录的页面

作,都会出现"确定要删除此项目吗"的对话框,选择"是"就可以删除虚拟目录了。

需要明白的是:删除虚拟目录时只会删除别名和目录之间的映射,使 Web 服务器无法使用文件,而硬盘中的文件或目录并不会被删除掉。

3.2.6　IIS 的测试

安装完成后,要对 IIS 进行测试,以验证 IIS 是否成为了一台 Web 服务器。IIS 安装完毕后,会自动设置主目录 c:\inetpub\wwwroot,该目录下应有 iisstart. asp 文件作为 IIS 的默认主页。

测试一:

可以打开浏览器,在地址栏内输入 http://localhost 或 http://127.0.0.1 进行测试。如果浏览器中显示默认的主页,则表示安装成功,可以使用。

需要指出,这里的 http://localhost 和 http://127.0.0.1 分别是系统默认的计算机名称和 IP 地址。这个 IP 地址指本机地址,只能在本机上使用,方便没有上网的单机用户进行测试。如果用户已经连上网络,可以输入自己计算机的 IP 地址进行测试。

测试二:

可以自行设计一个网页放在该目录下,用记事本输入下面的代码:

```
<html>
<head>
</head>
    <body>
Hello！I am rococor！
    </body>
</html>
```

将文件保存在 c:\inetpub\wwwroot 下，命名为 test. htm，接着打开浏览器输入 http：//127. 0. 0. 1/test. htm，结果显示如图 3-20 所示则表示安装成功。

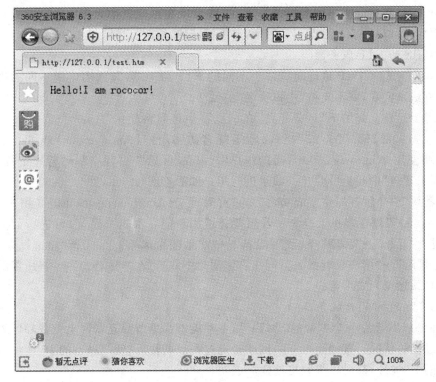

图 3-20　测试结果

此外，对于文件 c:\inetpub\wwwroot\test. htm 还有其他几种访问方法：http://localhost/test. htm，http://127. 0. 0. 1/test. htm，http://计算机的名字/test. htm，http://IP 地址/test. htm。它们的结果均一样。

3.2.7　IIS 服务的其他内容

1.对 IIS 服务的远程管理

在"管理 Web 站点"上单击右键,进入"属性"设置窗口。首先,在"Web 站点"选项卡下选择好"IP 地址";然后,转到"目录安全性"选项卡,单击"IP 地址及域名限制"下的"编辑"按钮,选中"授权访问",这时候就能够接受客户端从本机之外的地方对 IIS 进行管理;最后,单击"确定"按钮。

设置完成以后,在任意计算机的浏览器中输入如"http://192.168.0.1:3598"(3598 为其端口号)的格式后,将会出现一个密码询问窗口,输入管理员(Administrator)账号和相应密码即可登录。现在,就可以在浏览器中对 IIS 进行远程管理了,例如,可以对 Web 站点和 FTP 站点进行新建、修改、启动、停止和删除等。

2.IIS 的 FTP 服务器

如果要用一个 IP 地址对应多个不同的 FTP 服务器,只能用使用不同的端口号的方法来实现,而不支持"主机头名"的做法。

对于已建立好的 FTP 服务器,在浏览器中访问将使用"ftp://192.168.0.1"或"ftp://192.168.0.1:22"格式;除了匿名访问用户(Anonymous)外,IIS 中的FTP 将使用 Windows 2000 自带的用户库(可在"开始"→"程序"→"管理工具"→"计算机管理"中找到"用户"一项来进行用户库的管理)。

默认 FTP 服务器建立成功之后,只有管理员(Administrator)和匿名用户(Anonymous)可以在本机上登录。若想要普通用户能在本机上登录,可进行如下设置:进入"开始"→"程序"→"管理工具"→"本地安全策略"中,选择"左边框架"→"本地策略"→"用户权利指派",再在右边框架中双击"在本地登录"项,将所需的普通用户添加至列表即可。

3.IIS 的 SMTP 服务器

使用 IIS 建立一个本地的 SMTP 服务器能够帮助改善互联网上免费邮件发送速度过慢的状况。直接连入互联网或是通过局域网接入,使用静态的 IP 地址或是动态的 IP 地址,都可以很轻松地建立成功。

建立 IIS 下的 SMTP 服务器只需一步操作即可轻松完成,即将 IIS 管理器中"默认 SMTP 虚拟服务器"设置为已启动状态即可。此外一般不用再做其他任何设置。

如果想用自己的 SMTP 服务器发信,只需将 E-mail 客户端软件设置的"发送邮件服务器(SMTP)"项中填入"localhost"。这样一来,IP 地址再怎么变化都不会影响其正常工作(如图 3-21 所示)。

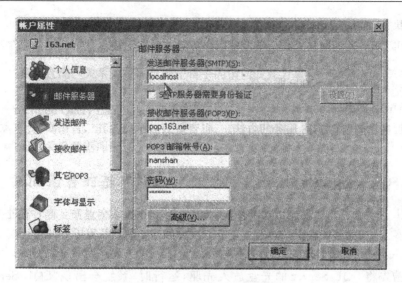

图 3-21　建立 SMTP 服务器

3.3　安装 SQL Server 2008

SQL Server 2008 是一个重大的产品版本,它推出了许多新的特性和关键的改进,成为至今为止的最强大和最全面的 SQL Server 版本。

3.3.1　SQL Server 2008 的安装环境

SQL Server 是在计算机硬件和操作系统之上运行的数据库管理软件,因此要保证它的最佳运行,计算机的硬件性能和操作系统版本必须达到一定要求。并且 SQL Server 也不是孤立运行的软件,必须与其他相关的软件配合使用,才能充分发挥它的作用。

1.硬件要求

SQL Server 2008 对计算机系统硬件性能的要求比较高,如果用户的硬件配置无法满足最低要求,在安装过程中就会出现报告错误信息,并无法继续安装。此外,硬件配置的高低还会直接影响软件的运行速度。

①CPU:1.6GHz。

②内存:最小 512 MB,建议推荐 1 GB 或更高。

③硬盘:至少 2.0GB 的可用磁盘空间。

2.软件要求

SQL Server 对操作系统和软件也有一定的要求。它包括服务器组件和客户端组件。不同的版本也会有不同的要求,通常包括:

①32 位或 64 位操作系统。

②Microsoft Windows Installer 4.5 或更高版本。

③数据访问组件(Microsoft Data Access Components,MDAC)2.8SP1 或更高版本。

④IE 6.0 SP1 或更新版本。

3.3.2 SQL Server 2008 的安装过程

SQL Server 2008 提供了简单、易于理解的图形化操作界面,故安装过程相对容易得多。但这并不表示不需要了解安装过程中各选项的含义及参数配置。安装 SQL Server 2008 的具体步骤如下:

①首先将 SQL Server 的光盘放入光驱,运行时,系统会出现"SQL Server 安装中心"的界面,如图 3-22 所示。这是安装主界面,包含了有关 SQL Server 2008 的各种信息。

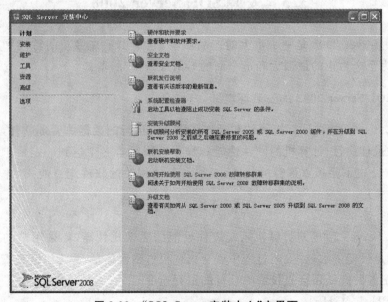

图 3-22 "SQL Server **安装中心**"主界面

②在安装中心点击左侧的"安装"选项,出现图 3-23 所示的界面,然后从其中选择"全新 SQL Server 独立安装或向现有安装添加功能"超链接。

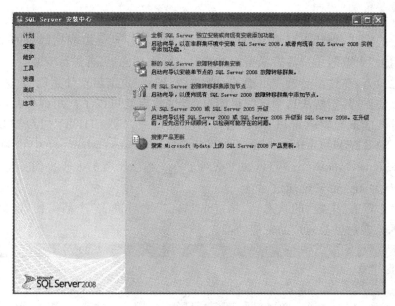

图 3-23　"SQL Server 安装中心"的"安装"选项

③这时候开始第一次检测,如图 3-24 所示,主要是进行进行系统必备项的检测,以确保它满足 SQL Server 2008 最低要求。

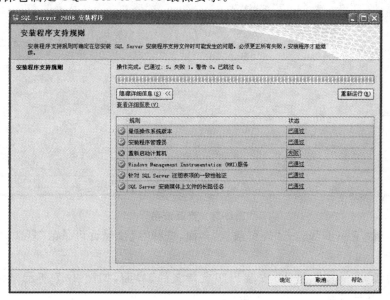

图 3-24　安装程序支持规则

检查完成后,如果操作成功,则状态显示为"成功";如果不成功,但是又不会影响到以后的安装,则状态显示为"警告";如果不成功并且会影响到以后的安装,则状态显示为"失败",用户需要根据检查情况进行重新设置,再进行安装。

通过检查,在这里会发现出现了一处失败,即要"重新启动计算机"。这是很常见的一个错误,其实解决这个问题很简单,直接重启就可以了。用虚拟光驱的,重启完再打开虚拟光驱就可以了;也可以打开注册表,删除 HKEY_LOCAL_MA-CHINE\SYSTEM\CurrentControlSet\Control\Session Manager 中找到 Pend-ingFileRenameOperations 项目(这方法对于不了解注册表的人不提倡。)重启计算机后,各项检测全部安全通过。

④对于没有"失败"的状态,直接点击"确定"之后进入"产品密钥"窗口,如图3-25 所示。在这里填入产品密钥即可。

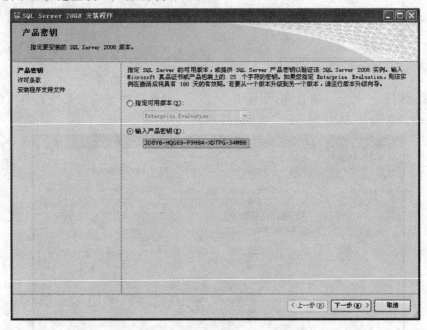

图 3-25 产品密钥

⑤继续"下一步",进入"许可条款"界面,选择"我接受许可条款"复选框。如图3-26 所示。

⑥继续"下一步",进入"安装程序支持文件"界面,如图 3-27 所示,这里点击"安装",则开始安装程序支持文件。

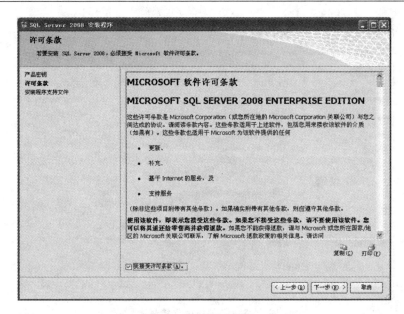

图 3-26　许可条款

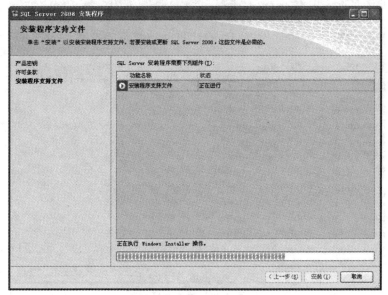

图 3-27　安装程序支持文件

⑦完成安装之后,进入第二次检测。它与第一次检测内容不相同。如图 3-28 所示。若所有规则全部通过,则继续下一步。

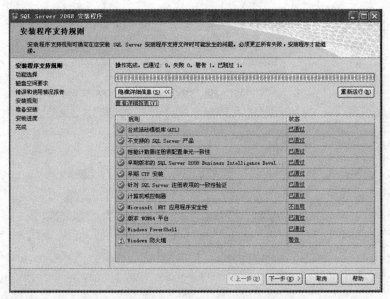

图 3-28　安装程序支持规则

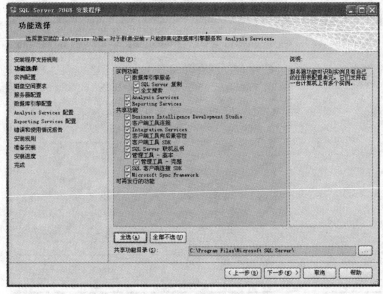

图 3-29　功能选择

⑧这时候进入"功能选择"界面，如图 3-29 所示，你会发现默认情况下什么也没有选中。在这里，用户可以根据自身的需求选择要按照的功能，如果全部安装，

则可以单击"全选",这里为了方便日后的工作使用选择全选。

⑨选择完毕后,继续"下一步",进入"实例配置"窗口,如图 3-30 所示。可以选择升级已有的命名实例,也可以选择安装 SQL Server 2008 默认的实例。这里选择"默认实例"即可。

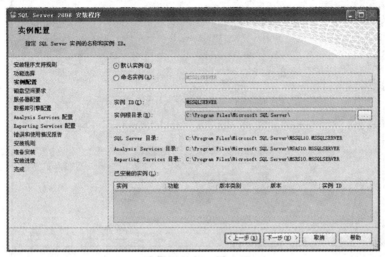

图 3-30　实例配置

⑩单击"下一步",进入"磁盘空间要求"界面,查看所选择的 SQL Server 功能所需要的磁盘空间。如图 3-31 所示。

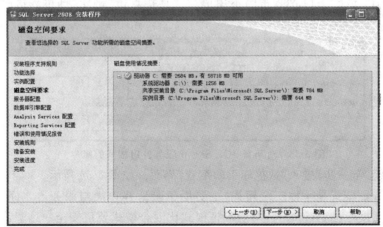

图 3-31　磁盘空间要求

⑪单击"下一步"进入"服务器配置"界面,如图 3-32 所示。这里是关键的一步,因为很多人都会在这里出现错误。

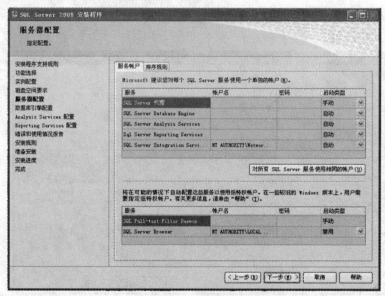

图 3-32 服务器配置

注意,应该选择"对所有 SQL Server 服务使用相同的账户",弹出图 3-33 所示的对话框,让我们输入账户和密码。这里点击账户后面的下拉列表从中选择"NT AUTHORITY\SYSTEM",密码不用填写。直接点击"确定"即可。这时候就不会报错了。

图 3-33 对所有 SQL Server 服务使用相同的账户

⑫继续"下一步"进入"数据库引擎配置"界面。如图 3-34 所示。

身份验证模式是一种安全模式,主要用于验证客户端与服务器之间的连接。从安全的角度考虑,Windows 身份验证模式比混合模式要更安全。这里我们可以选择"Windows 身份验证模式",安装后同样还可以建 SQL 身份验证。SQL Server 2008 配置身份验证模式和以往版本没有什么不同。

不同的是,它还新增了一个"指定 SQL Server 管理员"的必填项。该管理员是指 Windows 账户,你可以新建一个专门用于 SQL Server 的账户,或点击"添加当前用户"添加当前用户为管理员。在这里我们直接点击"添加当前用户"按钮即可。

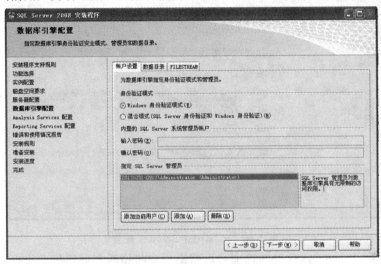

图 3-34 数据库引擎配置

⑬接下来就是我们点击"下一步"按钮,出现图 3-35 界面。这时候直接点击"添加当前用户"按钮即可继续添加当前用户。

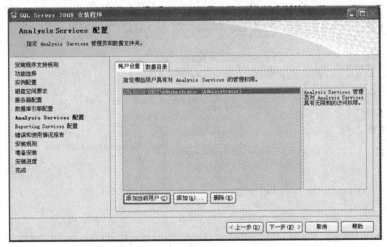

图 3-35 Analysis Services 配置

⑭点击"下一步",在图 3-36 所示界面中选择"安装本机模式默认配置"。

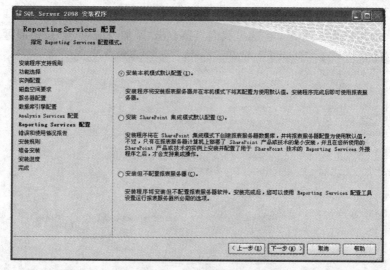

图 3-36　Reporting Services 配置

⑮继续"下一步"。这里的选项可以帮助用户将错误和使用信息提交给微软公司,其声明如图 3-37 所示。可以选择也可以不选。

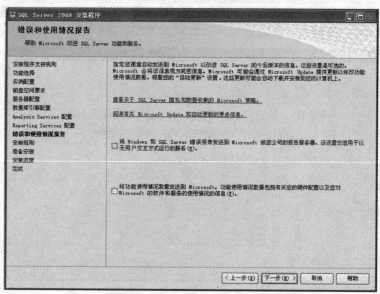

图 3-37　错误和使用情况报告

⑯单击"下一步"进入第三次进行系统检测。这里全部安全通过，如图 3-38 所示。

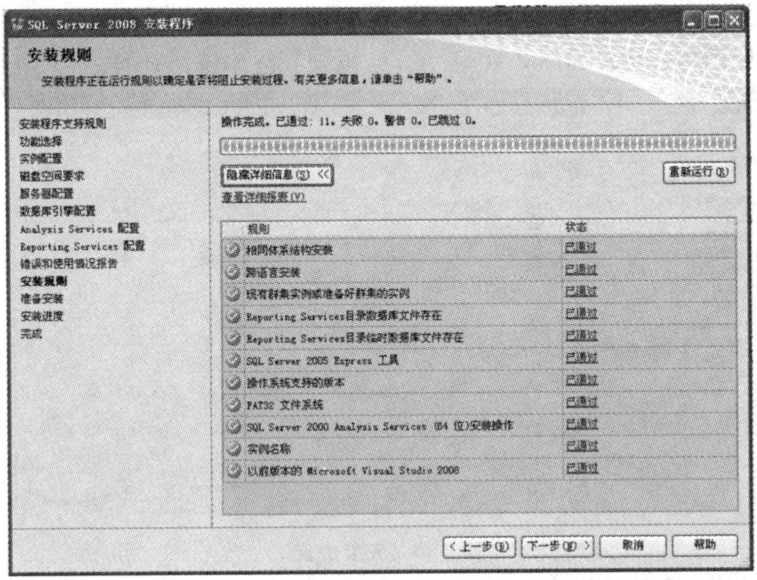

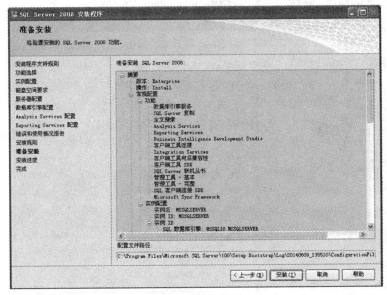

图 3-38　安装规则

图 3-39　准备安装

单击"下一步"进入 SQL Server 2008 开始安装前的最后一步，如图 3-39 所示。

在"准备安装"界面中显示准备安全的所有组件,单击"安装"按钮。

开始安装之后进入"安装进度"的界面。用户能够通过它了解安装程度安装各个组件进行到哪一步。如图 3-40 所示。这里会等待比较长时间。

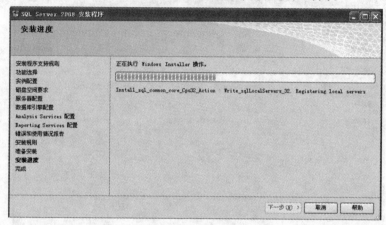

图 3-40　安装进度

当安装进度界面中所有的产品名称前面的符号都为绿色对勾,状态为"成功"时,表明所有的组件都已安装成功,如图 3-41 所示。

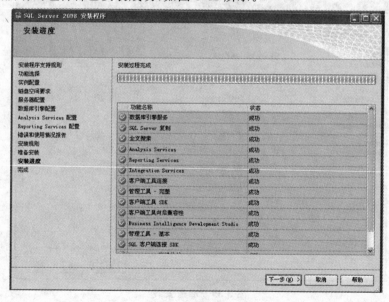

图 3-41　安装过程完成

点击"下一步"进入"完成"界面，如图 3-42 所示。这时候 SQL Server 2008 的安装成功完成。

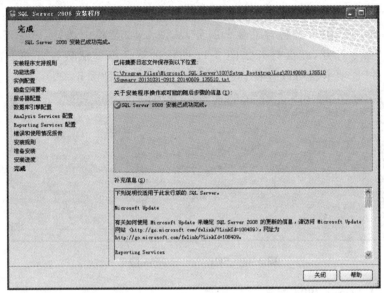

图 3-42　完成

3.3.3　SQL Server 2008 安装的验证

SQL Server 2008 安装完成之后首先要对安装 SQL Server 2008 是否成功进行验证。一般来说，如果安装过程中出现错误提示，就表明这次安装是成功的。当然，也可以采用一些验证方法来检验安装是否正确，例如，可以检查 Microsoft SQL Server 的服务和工具是否存在，应该自动生成的系统数据库和样本数据库是否存在，以及有关文件和目录是否正确等。

安装之后，从"开始"菜单上选择"所有程序"→"Microsoft SQL Server 2008"，就能够看到如图 3-43 所示的程序组。

图 3-43　SQL Server 2008 程序组

从图中看出,它主要包含:配置工具、Analysis Services、Integration Services、性能工具、文档和教程、SQL Server Management Studio、SQL Server Business Intelligence Development Studio、导入和导出数据。

SQL Server 2008 还包含了多个服务,从图 3-43 菜单中选择"SQL Server 配置管理器"命令打开,就会打开如图 3-44 所示的对话框。然后打开左侧的"SQL Server 服务"选项卡就可以查看 SQL Server 2008 的各种服务。

图 3-44   SQL Server **2008** 服务

3.3.4   SQL Server 2008 配置

SQL Server 2008 在安装完成之后就已经实现了它的所有默认配置,并且能够提供最安全和最可靠的使用环境。当然,如果用户有其他的使用要求,可以自由更改任何配置选项。

1. SQL Server 2008 数据库服务器服务启动和关闭

SQL Server 以服务(Service)的形式存在,服务器是整个 SQL Sever 2008 的核心,这项服务管理所有组成数据库的文件、处理 T-SQL 语句与执行存储过程等功能。这里重点对 SQL Server 数据库服务器服务的管理进行讨论。

(1)SQL Server 2008 数据库服务器服务启动

若想要用户端能够访问 SQL Server 内的数据,首先必须启动此服务。SQL Server 2008 数据库服务器服务启动有 3 种方式。

①使用 Windows Services 启动服务。在 Windows 中打开"控制面板"→"管理工具"→"服务",这时候会弹出如图 3-45 所示的 Windows Services 窗口。从这里能够看到系统中各项服务的状态,SQL Server 数据库服务器服务所对应的名称为 SQL Server(MSSQLSERVER),双击此服务名称,会弹出如图 3-46 所示的 SQL Server(MSSQLSERVER)属性窗口,从这里可以控制服务的状态或更改其设置。

图 3-45　Windows Services 窗口

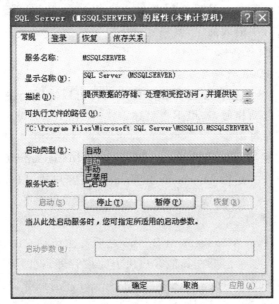

图 3-46　SQL Server(MSSQLSERVER)属性窗口

②使用 SQL Server 配置管理器启动服务。SQL Server 配置管理器是 SQL Server 2008 的主要管理工具,通过它也可以启动 SQL Server 数据库服务器服务。

具体做法如下:在 SQL Server 配置管理器中,单击"SQL Server 服务"选项,在右边的对话框里可以看到本地所有的 SQL Server 服务;右击服务名称,在弹出的快捷菜单里选择"启动"、"停止"、"暂停"或"重新启动"即可启动、停止、暂停或重新启动 SQL Server 服务,如图 3-47 所示。此外,还可以选择"属性"对相应的服务进行设置。

图 3-47　SQL Server 服务

③使用命令启动服务。最后一种启动 SQL Server 数据库服务器服务的方式为在命令提示符窗口中输入命令,其格式如下:

NET START 服务名称

2.SQL Server 2008 数据库服务器服务关闭

SQL Server 2008 数据库服务器服务关闭同样可以采用上述 3 种方式来完成。其操作方式与服务启动相似,这里不再赘述。

3.服务器的注册与删除

服务器只有在注册后才能被纳入 SQL Server Management Studio 的管理范围。注册服务器的目的是为 Microsoft SQL Server 客户机/服务器系统确定一台数据库所在的机器,以它作为服务器来为客户端提供多种服务。

(1)服务器的注册

在安装 SQL Server Management Studio 之后首次启动它时,将自动注册 SQL Server 的本地实例。如果需要在其他客户机上完成管理,就需要手工进行注册。

可以通过使用 SQL Server Management Studio 注册服务器,在注册服务器时必须指定:服务器的名称;登录到服务器时使用的安全类型;如果需要,指定登录名和密码;注册了服务器后想将该服务器列入其中的组的名称。

①启动 SQL Server Management Studio,选择"视图/已注册的服务器",显示"已注册的服务器"窗口,如图 3-48 所示。

②在"已注册的服务器"窗口中,显示了当前系统中的服务器组和所有已在 SQL Server Management Studio 注册的服务器。展开"数据库引擎"节点,选择

"Local Server Group"节点,用鼠标右键单击,如图 3-49 所示。在出现的快捷菜单中选择"新建服务器注册"选项。

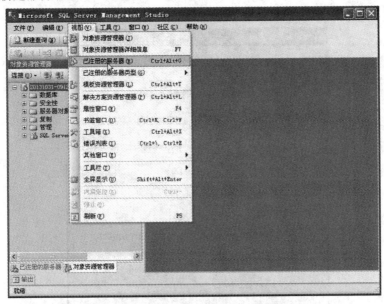

图 3-48　选择"视图/已注册的服务器"

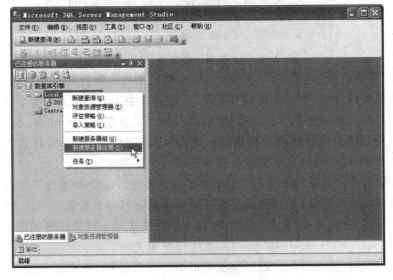

图 3-49　选择"新建服务器注册"

③这时候弹出"新建服务器注册"窗口,如图 3-50 所示。在对话框中输入或者选择要注册的服务器名称;在"身份认证"下拉列表中选择登录到服务器时使用的安全类型。

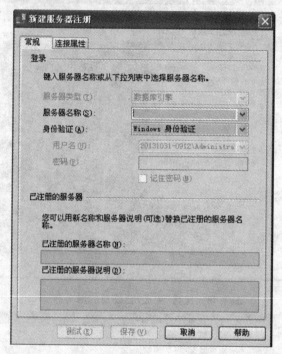

图 3-50 "新建服务器注册"对话框 1

打开"连接属性"选项卡,如图 3-51 所示,在这里可以设置连接到的数据库、网络以及其他连接属性等。"连接到数据库"下拉列表中指定当前用户将要连接到的数据库的名称。通常情况下会显示"默认值",这表示连接到 Microsoft SQL Server 系统中当前用户默认使用的数据库。点击"浏览服务器"选项则打开如图 3-52 所示的对话框,用户可以从当前服务器中选择一个数据库。

设置好后可以单击"测试"按钮进行测试,如果测试成功会弹出提示对话框表示连接属性的设置正确;如果测试失败还需要重新进行参数设置。

④测试成功后,单击"保存"按钮,则服务器注册成功。成功注册的服务器就可以在 SQL Server Management Studio 中进行管理了。

注意:在进行到②时在出现的快捷菜单中还可以选择"新建服务器组"选项来

创建服务器组①。这时候会出现如图 3-53 所示的"新建服务器组属性"窗口。

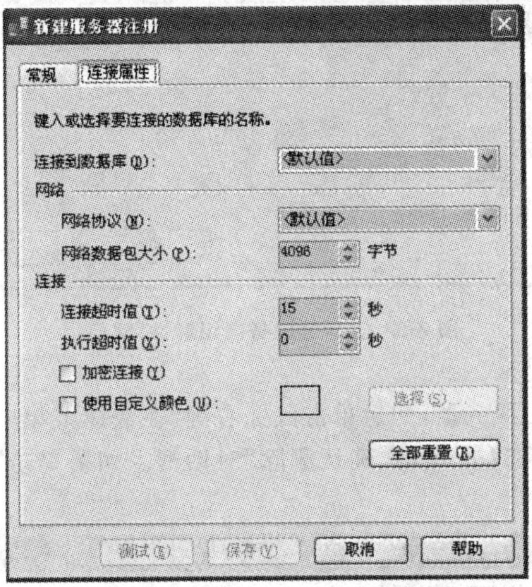

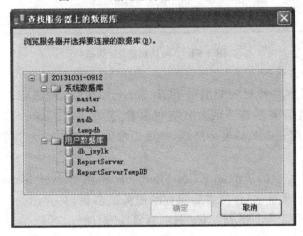

图 3-51　"新建服务器注册"对话框 2

图 3-52　查找服务器上的数据库

---

① 　在一个网络系统中,经常会出现使用多个 SQL Server 服务器分别保存不同的数据的情况,这时候就可以对这些 SQL Server 服务器进行分组管理。分组的原则通常是依据组织结构原则。服务器组便于对不同类型和用途的 SQL Server 服务器进行管理。

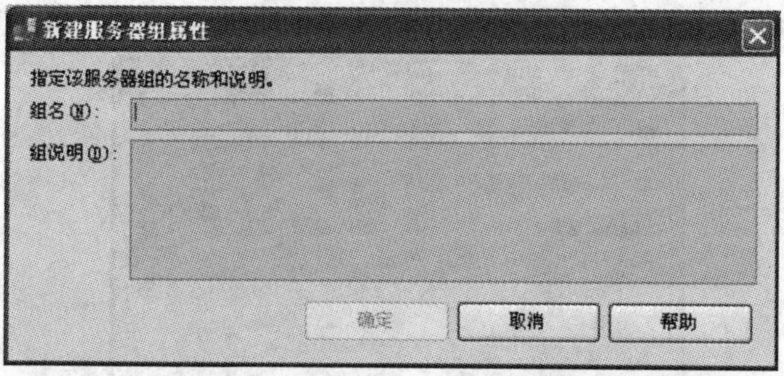

图 3-53 "新建服务器组属性"窗口

（2）服务器的删除

选择需要删除的服务器，然后单击鼠标右键，在快捷菜单中选择"删除"命令。这时候会弹出如图 3-54 所示的"确认删除"对话框。如果单击"是"则会完成删除操作。

图 3-54 "确认删除"对话框

4.配置服务器选项

配置服务器主要针对安装后的 SQL Server 2008 实例进行。在 SQL Server 2008 系统中设置服务器选项的方式有很多种，使用 Microsoft SQL Server Management Studio 配置服务器最为简单，也最为常见，这里以此为例来说明如何配置服务器选项。

配置服务器选项的步骤如下：在 Microsoft SQL Server Management Studio 中的"对象资源管理器"中右击需要配置的服务器名称，从弹出的快捷菜单中选择"属性"命令，打开如图 3-55 所示的"服务器属性"对话框。

从图中可以看出，该对话框包含 8 个选项页，不用的选项页可以进行不同的设置，通过这 8 个选项页可以查看或设置服务器的常用选项值。

①"常规"选项页列出了当前服务器的产品名称、操作系统名称、平台名称、版本号、使用的语言等常规信息。如图 3-55 所示。

②"内存"选项页可以设置与内存管理相关的选项，如是否使用 AWE 分配内

存、最小服务器内存和最大服务器内存以及其他内存选项。如图 3-56 所示。

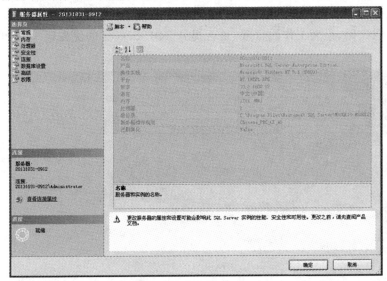

图 3-55　"服务器属性"对话框

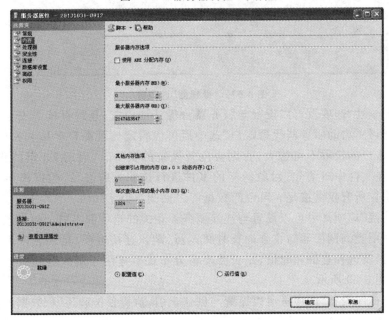

图 3-56　"内存"选项页

③"处理器"选项页可以设置与服务器处理器相关的选项,如处理器关联和I/O关联、是否自动设置所有处理器的处理器关联掩码、是否自动设置所有处理器的 I/O 关联掩码、最大工作线程数、是否提升 SQL Server 的优先级等。如图 3-57 所示。

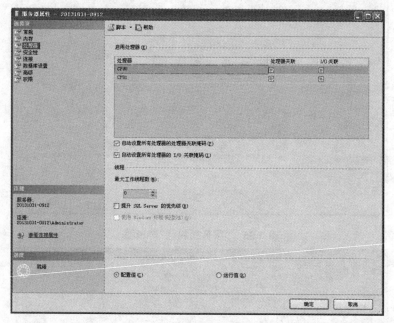

图 3-57 "处理器"选项页

④"安全性"选项页可以设置与服务器身份认证模式、登录审核等安全性相关的选项。另外"启动服务器代理账户"选中后可以指定代理账户名称和密码,但服务器代理账户的权限不可过大,否则会危及系统的安全。"启用 C2 审核跟踪"选中后可以在文件中对语句、对象访问的事件进行访问。通过"跨数据库所有权链接"可以设置所有权链接是否可以跨数据库。如图 3-58 所示。

⑤"连接"选项页中可以设置与连接服务器相关的选项和参数。包括最大并发连接数、使用查询调控器防止查询长时间运行、默认连接选项、是否允许远程连接到此服务器及远程查询超时值、是否需要将分布式事务用于服务器到服务器的通信等。如图 3-59 所示。

⑥"数据库设置"选项页可以设置与创建索引、执行备份和还原、数据库默认位置等操作相关的选项。如图 3-60 所示。

⑦"高级"选项页可以设置有关服务器的并行操作行为、网络行为、文件流等。

如图 3-61 所示。

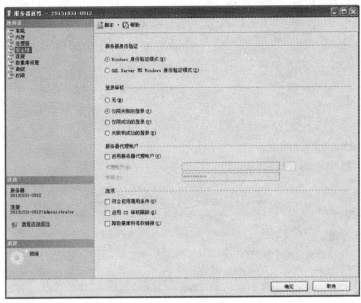

图 3-58　"安全性"选项页

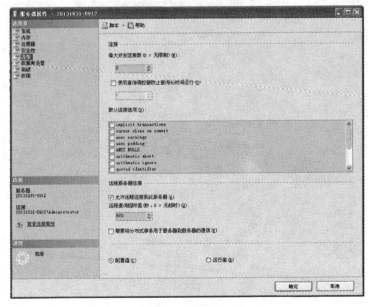

图 3-59　"连接"选项页

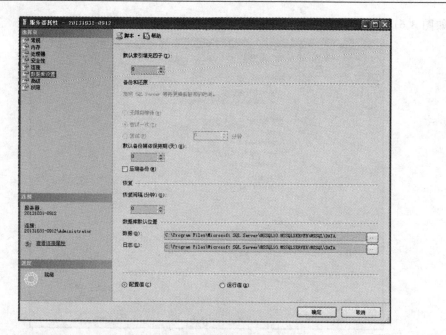

图 3-60　"数据库设置"选项页

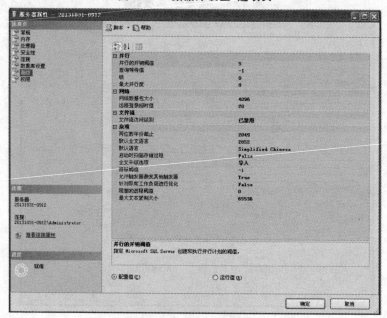

图 3-61　"高级"选项页

⑧"权限"选项页中可以查看当前 SQL Server 实例中登录名或角色,并为其设置相应的权限信息。如图 3-62 所示。

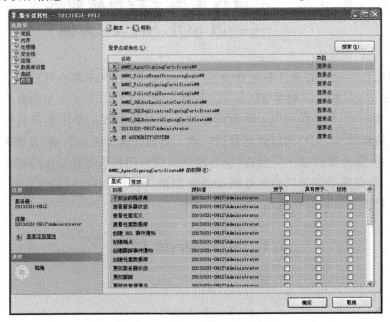

图 3-62　"权限"选项页

以上是全部有关服务器配置的分析阐述。用户可以根据自己的需要在不同的"选项页"中进行有关的配置。

第4章　网络数据库管理系统研究
——以 SQL Server 为例

数据库是在数据管理任务的需求下产生的,在进入 Web 舞台后就成了网络数据库,例如,SQL Server 就是 Microsoft 公司开发的一个基于关系型网络数据库管理系统。实际上,与传统意义上的数据库相比只是数据库的使用界面成为网页而已。在网络环境中,用户通过浏览器这一输入界面输入所需的数据,数据被浏览器发送给 Web 服务器经过一定处理,执行的结果被返回浏览器并呈现给用户。由此可见,网络数据库是一种结合前端网页的使用接口,是大多数网页内容的来源,也是网络用户提交数据的存放地。

4.1　SQL Server 概述

4.1.1　SQL Server 的发展

1987 年,Microsoft、Sybase 和 Ashton-Tate 三家公司共同开发了 Sybase SQL Server,它是 SQL Server 最初的起源。

1988 年,Microsoft 公司、Sybase 公司和 Ashton-Tate 公司把 Sybase SQL Server 产品移植到 OS/2 操作系统上。

之后,Ashton-Tate 公司退出了 Sybase SQL Server 的开发,Microsoft 公司、Sybase 公司则签署了一项协议继续共同开发该产品,并最终发布了用于 Windows NT 操作系统的 SQL Server,1992 年将 SQL Server 移植到了 Windows NT 平台上。

1993 年,SQL Server 4.2 面世,它是一个功能较少的桌面数据库系统,仅能满足小部门数据存储和处理要求。不过,采用 Windows GUI,向用户提供了易于使用的用户界面。在 SQL Server 4 版本发行以后,Microsoft 公司和 Sybase 公司在 SQL Server 的开发方面分道扬镳,取消了合同,各自开发自己的 SQL Server。Microsoft 公司专注于开发 Windows NT 平台上的 SQL Server,而 Sybase 公司则致力于开发 UNIX 平台上的 SQL Server。

SQL Server 6.0 版是第一个完全由 Microsoft 公司开发的版本。它是一种小型商业数据库,对核心数据库引擎做了重大的改写。一些性能得以提升,重要的特性得到增强,具备了处理小型电子商务和内联网应用程序的能力。

1996 年,Microsoft 公司推出了 SQL Server 6.5 版本。该版本的出现逐渐突显了 SQL Server 的实力。但是,由于受到旧有结构的限制,Microsoft 公司决定再次重写 SQL Server 的数据库引擎。

不久,在 1998 年便推出了具有巨大变化的 7.0 版。这一版本在数据存储和数据库引擎方面发生了根本性的变化,能够提供面向中小型商业应用数据库功能支持,同时还具有一些 Web 功能,很好地适应了技术的发展。这使得 SQL Server 7.0 成为该家族第一个得到了广泛应用的成员,并获得了良好的声誉。

又经过两年的努力开发,2000 年 9 月,Microsoft 公司发布了其第一个企业级数据库系统——SQL Server 2000,它包括企业版、标准版、开发版、个人版 4 个版本。SQL Server 2000 是对 SQL Server 7.0 的增强,一方面继承了 7.0 版本的优点,同时又增加了许多更为先进的功能,其变化是渐进的。这一版本的出现使得 SQL Server 数据库产品开始在市场上占有一定地位。

经过五年多的完善后,2005 年 11 月,Microsoft 公司正式发布新一代数据库产品——SQL Server 2005。SQL Server 2005 与传统意义上的 SQL Server 2000 数据库相比是一个有重大变化的产品版本,是整合了很多数据分析服务的数据平台。它具有更高的性能和处理能力,使得管理任务得到了简化,监控和诊断功能得到了增强,数据库系统的安全得到了增强。可以说,它是一个全面的、集成的、端到端的数据解决方案,为企业用户提供了用于企业数据管理和商业智能应用的安全可靠且高效的系统平台。

2008 年第三季度,SQL Server 2008 正式发布。SQL Server 2008 是一个重大的产品版本,它推出了许多新的特性,在各个方面都有了全面的、关键的改进,具有可信任、高效、智能等特点。它是继 SQL Server 2005 之后最强大和最全面的 SQL Server 版本。

2012 年,Microsoft 公司发布的全新一代的数据平台产品——SQL Server 2012 延续了现有数据平台的强大能力,提供了更多、更全面的功能以满足不同人群对数据和信息的需求。SQL Server 2012 包括很多不同的版本,为用户带来更多全新体验。

4.1.2　SQL Server 的特色

随着技术的不断进步,数据库版本也在不断升级,并为用户的使用提供了越来

越多的功能。综上所述,SQL Server 具有如下的特点:

①真正的客户机服务器体系结构。即数据库存放于服务器,客户端向服务器请求数据,服务器响应请求并向客户端发送请求结果,客户端显示数据。这一体系结构提高了整个系统的效率,使网络传输的负担也大为减轻。

②良好的图形用户接口。它提供了表、视图和查询定义的图形界面,从而使系统和数据库管理更加直观、便捷。

③具有良好的可伸缩性,能够支持多种开发平台。即在多种不同开发平台下编写的应用程序都能够访问 SQL Server。

④支持远程管理。数据库管理人员即使不在 SQL Server 服务器跟前,也可以通过网络使用企业管理器对 SQL Server 服务器进行管理。

⑤通过查询能够支持决策支持系统、数据仓库和 OLAP(Online Analytical Processing)。

⑥与 Windows NT/2000 系统紧密集成,可以利用 NT 的许多功能,体现了良好的性能。

⑦支持 Web 技术。用户能够利用存储在 SQL Server 中的信息创建动态 Web 页,方便将数据库中的数据发布到 Web 页面上。

SQL Server 2008 与其他数据库版本相比,具有以下特点:

①SQL Server 2008 具有更高的安全性、可靠性和可扩展性,用户能放心地运行其关键任务的应用程序。

②SQL Server 2008 为开发人员节约了管理系统、.NET 架构等的时间成本,使其更专注于开发下一代功能强大的数据库应用程序。

③SQL Server 2008 更加智能化。

4.1.3 SQL 与 T-SQL

1. SQL 语言的特点

为了使存储在数据库中的数据能够被提取出来给程序使用,数据库中需要一套指令集来识别指令、执行相应的操作并为程序提供数据。SQL(Structured Query Language,SQL 语言)就是一套指令集,它是一种通用的、具有强大功能的关系数据库的标准语言。当前几乎所有的关系数据库软件都使用 SQL 语言对数据库中的数据进行操作。

SQL 语言具有如下特点:

①SQL 作为标准的关系数据库语言,提供了建立数据库和表结构的命令。

②能够完成基本的数据管理,不仅能进行数据的查询,还可完成数据的插入、删除、更新等操作。

③命令结构和语法规则简单易学。即使是最高级的命令,用户也可以在几天内掌握。

④具备可移植性。由于所有主要的关系数据库管理系统都支持 SQL 语言,因此,它可以不加修改的从一个关系数据库管理系统移到另一个。

2. T-SQL 的语法、组成及功能

T-SQL(Transact-SQL)就是对 SQL 标准语言的扩展,在 SQL 基础上添加了流程控制语句,是标准 SQL 的超集。它具有 SQL 的主要特点,并对 SQL 做了许多补充,增加了高级语言的功能,提供了声明变量、流程控制结构、函数定义等功能。

对 T-SQL 语句的语法主要有以下约定:

①语句中的字母可以大写或者小写。

②定义变量时,关键字避免做变量名使用。

③语句中的日期型常量和字符型常量应当置于单引号内。

④语句中的标点符号应当是英文状态下的,即半角符号。

⑤可以一条语句分多行写,也可以一行写多条语句,语句末尾不加任何标点。

和其他高级语言一样,T-SQL 语句用来向计算机系统发出操作指令。根据完成具体功能的不同,T-SQL 语言可以分为四大类:

①数据控制语言(DCL)。用来操纵数据库中数据的命令。

②数据定义语言(DDL)。用来建立、删除或修改数据库及数据库对象。

③数据操纵语言(DML)。用来操纵数据库中数据的命令。

④一些附加的语言元素。包括变量说明、内嵌函数及其他命令等。

T-SQL 语句主要用于处理数据库中的数据,T-SQL 语言的不同种类,使其能够完成以下任务:

①创建数据库及数据库对象。T-SQL 命令一般以 create 作为开头,可用来建立数据库以及数据库表、视图、索引文件、函数、存储过程、触发器、游标等数据库对象。

②操纵数据。可以对数据库表结构进行修改,也可使用相关命令,如 insert、update、delete、select 等进行数据记录的插入、更新、删除、查询等操作。

③控制程序流程。T-SQL 程序设计同样也分为顺序、选择、循环三种结构。if、if…else、case、while 等都是可用于控制程序流程的关键字。

④定义变量。在 T-SQL 程序中允许使用声明的变量。

⑤控制事务处理。事务是由一组 T-SQL 语句构成的逻辑单元,是并发控制的基本单位。通过事务处理,SQL Server 能将逻辑相关的一组操作绑定在一起,有助于服务器保持数据的完整性。

4.2　SQL Server 2008 的管理工具

Microsoft SQL Server 2008 系统提供了一整套的管理工具,从"开始"菜单"SQL Server 2008"程序组的展开中不难发现,涉及的工具有:SQL Server Management Studio、SQL Server Business Intelligence Development Studio、性能工具、文档和教程、SQL Server 配置管理器、Analysis Services、Integration Services、导入和导出数据(32 位)等。通过它们,对系统的管理更加快速、高效。

4.2.1　SQL Server Management Studio

SQL Server Management Studio 是 SQL Server 2008 提供的一种新的可视化集成环境。作为 SQL Server 2008 中最重要的管理工具,它负责访问、配置、控制、管理和开发 SQL Server 的所有工作。SQL Server Management Studio 包含了大量图形工具和丰富的脚本编辑器,具有不同技能水平的开发人员和管理员都能借此实现各种数据库操作功能。

SQL Server Management Studio 是 SQL Server 2008 最常用、最核心的功能组件,集合了 SQL Server 早期版本中企业管理器、查询分析器的各种功能,此外还提供了一种环境,用于管理分析服务、集成服务、报表服务。此环境提供了一个单一的实用工具,使数据库管理人员能够通过易用很好地完成任务。

启动"SQL Server Management Studio":选择"开始"→"所有程序"→"Microsoft SQL Server 2008"→"SQL Server Management Studio",在图 4-1 所示的"连接到服务器"对话框中指定要连接的服务器类型、服务器名称和身份验证(通常情况下默认即可),然后点击"连接"按钮即可,如图 4-2 所示。

4.2.2　SQL Server Business Intelligence Development Studio

Business Intelligence Development Studio 即商务智能开发平台,顾名思义,它主要用于开发商务智能应用程序。它是一个集成的环境,是设计和创建 SQL Server 报表服务的主要开发工具。如果要开发使用 Analysis Services、Integration

Services 和 Reporting Services 的方案可使用该平台。上述每个项目类型都提供了用于创建商务智能解决方案所需对象的模板，以及用于处理这些对象的各种设计器、工具和向导。

图 4-1　连接到服务器

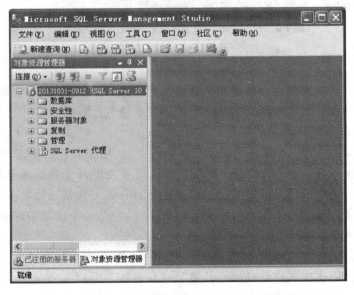

图 4-2　SQL Server Management Studio

启动 Business Intelligence Development Studio：选择"开始"→"所有程序"→

"Microsoft SQL Server 2008"→"SQL Server Business Intelligence Development Studio"即可。如图 4-3 所示。

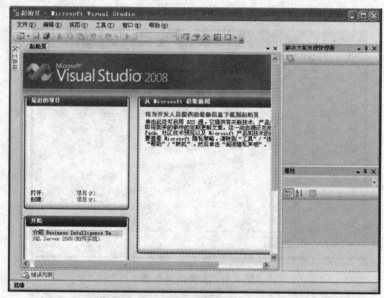

图 4-3　Business Intelligence Development Studio

4.2.3　性能工具

性能工具的主要作用是监测和调优数据库性能,是性能测试工程师的得力助手。它主要包括 SQL Server Profiler 和数据库引擎优化顾问。

1. SQL Server Profiler

SQL Server Profiler 是一个图形化的管理工具,用于监视数据库引擎或 SQL Server Analysis Services 的实例。使用它可以捕获关于每个数据库事件的数据,并将其保存在一个跟踪文件中,可供日后分析使用,也可在试图诊断某个问题时,用它来重播某一系列的步骤。对系统管理员来说,它是一个连续实时地捕获用户活动情况的间谍。

可以通过多种方法启动 SQL Server Profiler,以支持在各种情况下收集跟踪输出。这里用下述方式启动:选择"开始"→"所有程序"→"Microsoft SQL Server 2008"→"性能工具"→"SQL Server Profiler"即可,如图 4-4 所示。

SQL Server Profiler 启动之后,选择"文件"→"新建跟踪"命令,则打开跟踪"属性窗口"。"常规"选项卡可以设置跟踪名称和跟踪提供程序名称、类型、所使用的模板、保存的位置等信息,如图 4-5 所示。"事件选择"选项卡可以设置需要跟踪的事件、事件列等信息,如图 4-6 所示。选择"显示所有事件"和"显示所有列"可以查看完整列表。

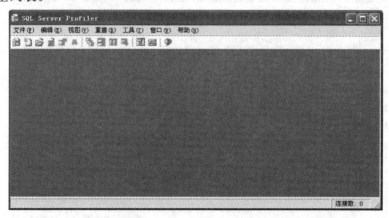

图 4-4　SQL Server Profiler

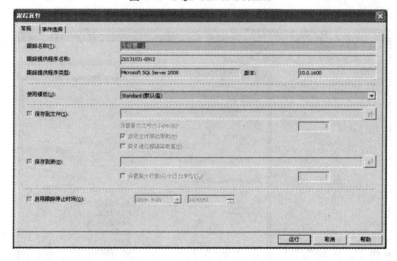

图 4-5　SQL Server Profiler 的"常规"选项卡

2.数据库引擎优化顾问

SQL Server 2008 提供的数据库引擎优化顾问是分析一个或多个数据库上工作负荷的性能效果的工具,能够对数据库的访问情况进行有效评估,并给出优化性能的建议。另外,对于应收集哪些统计信息来备份物理设计结构,此顾问还可以提出具有针对性的建议。

启动"数据库引擎优化顾问":选择"开始"→"所有程序"→"Microsoft SQL Server 2008"→"性能工具"→"数据库引擎优化顾问"即可,如图 4-7 所示。

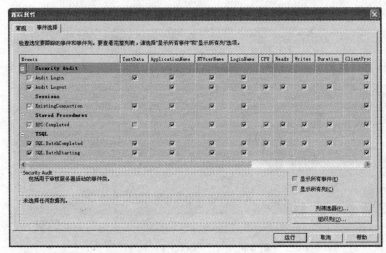

图 4-6 SQL Server Profiler 的"事件选择"选项卡

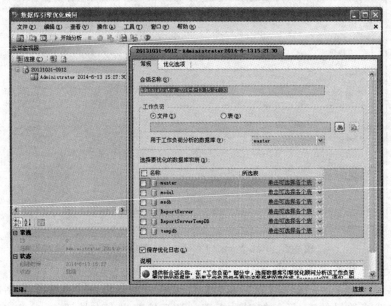

图 4-7 数据库引擎优化顾问

4.2.4 文档和教程

SQL Server 2008 提供了大量的联机帮助文档（Books Online），它具有索引和全文搜索能力，可根据关键词来快速查找用户所需信息，从而有助于了解SQLServer 技术和项目。SQL Server 2008 中提供的文档教程包括示例概述、教程和联机丛书，现在分别加以阐述。

1. Microsoft SQL Server 示例概述

选择"开始"→"所有程序"→"Microsoft SQL Server 2008"→"文档和教程"→"Microsoft SQL Server 示例概述"，如图 4-8 所示。

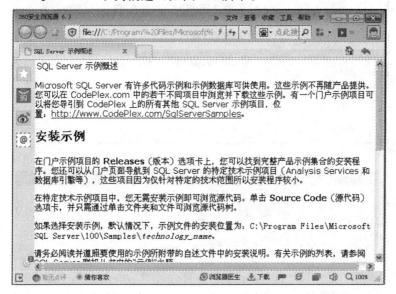

图 4-8　SQL Server 示例概述

2. SQL Server 教程

选择"开始"→"所有程序"→"Microsoft SQL Server 2008"→"文档和教程"→"SQL Server 教程"，如图 4-9 所示。

3. SQL Server 联机丛书

选择"开始"→"所有程序"→"Microsoft SQL Server 2008"→"文档和教程"→"SQL Server 联机丛书"，如图 4-10 所示。

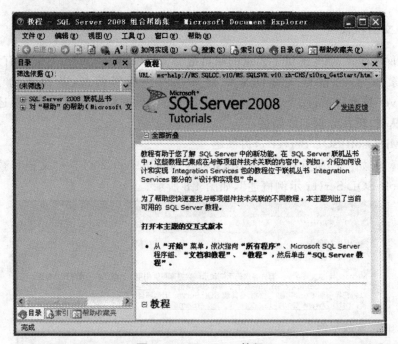

图 4-9 SQL Server 教程

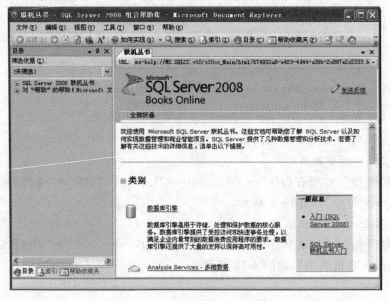

图 4-10 SQL Server 联机丛书

4.2.5 配置工具

配置工具下包括:Reporting Services 配置管理器、SQL Server 安装中心、SQL Server 错误和使用情况报告、SQL Server 配置管理器。

1. SQL Server 配置管理器

使用 SQL Server 2008 配置管理器可以启动、暂停、恢复或停止与 SQL Server 有关的所有服务(包括 SQL Server 数据库服务器服务、服务器代理、全文检索、报表服务和分析服务等服务),并查看或更改服务属性;也可以对网络进行重新配置,以使 SQL Server 监听特定的网络协议、端口或管道(通常在 SQL Server 正确安装之后,如无特殊需求,不需要更改 SQL Server 网络配置);还可以进行 SQL Native Client 10.0 配置,即运行客户端程序的计算机网络配置。

它集成了旧有版本中的服务器网络实用工具、客户端网络实用工具和服务器管理器的功能。

启动 SQL Server 配置管理器:选择"开始"→"所有程序"→"Microsoft SQL Server 2008"→"SQL Server Management Studio"→"配置工具"→"SQL Server 配置管理器"即可,如图 4-11 所示。

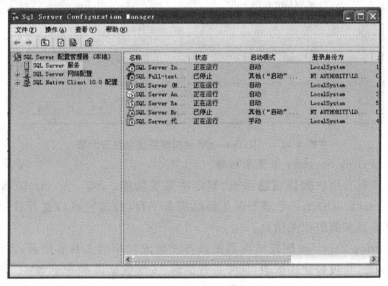

图 4-11 SQL Server 配置管理器

2. SQL Server 错误和使用情况报告

SQL Server 2008 中可以自动报告任何错误并把错误报告（包含 SQL Server 异常关闭时的致命错误等）发送到 Microsoft 公司，从而帮助 Microsoft 更快地开发出补丁修复程序。该功能建议处于激活状态。

启动 SQL Server 错误和使用情况报告：选择"开始"→"所有程序"→"Microsoft SQL Server 2008"→"SQL Server Management Studio"→"配置工具"→"SQL Server 错误和使用情况报告"即可，如图 4-12 所示。

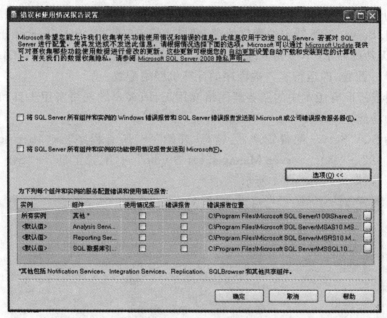

图 4-12 SQL Server 错误和使用情况报告设置

3. Reporting Services 配置管理器

报表具有为用户提供信息沟通、制定决策等功能。SQL Server 2008 Reporting Services（SSRS）是一个基于服务器的报表平台，通过它可以查看目前所连接的报表服务器实例的相关信息。

Reporting Services 配置管理器提供各种现成可用的工具和服务，方便、快捷地创建、部署、管理和使用报表，从关系数据源、多维数据源和基于 XML 的数据源检索数据，发布可通过多种格式查看的报表，还可以集中管理报表安全性和订阅。图 4-13 所示为"Reporting Services 配置管理器"窗口。

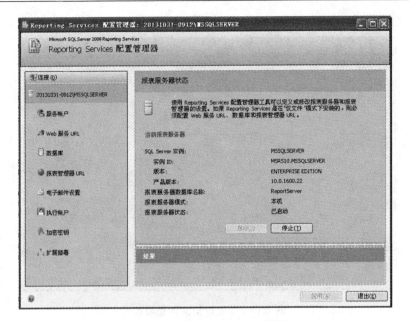

图 4-13　"Reporting Services 配置管理器"窗口

4.2.6　Integration Services

Integration Services 是用于生成高性能数据集成和工作流解决方案的平台，该组件比较专业，利用它能够解决复杂的业务问题，如：复制或下载文件、发送电子邮件以响应事件、更新数据仓库、清除和挖掘数据及管理 SQL Server 对象和数据。这些包可单独使用或与其他包配合使用。

Integration Services 可以用于提取和加载数据的数据源和目标。它包含一组丰富的内置任务和转换、用于构造包的工具以及用于运行和管理包的 Integration Services 服务。可以使用 Integration Services 图形工具来创建解决方案，而无需编写一行代码；也可以对各种 Integration Services 对象模型进行编程，通过编程方式创建包并编写自定义任务以及其他包对象的代码。由于比较复杂，它的使用很少。

启动"数据配置文件查看器"：选择"开始"→"所有程序"→"Microsoft SQL Server 2008"→"Integration Services"→"Data Profile Viewer"即可，如图 4-14 所示。

启动"执行包实用工具"：选择"开始"→"所有程序"→"Microsoft SQL Server

2008"→"Integration Services"→"Execute Package Utility"即可，如图 4-15 所示。

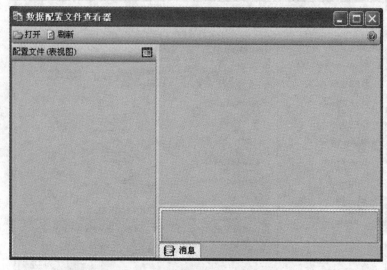

图 4-14　数据配置文件查看器

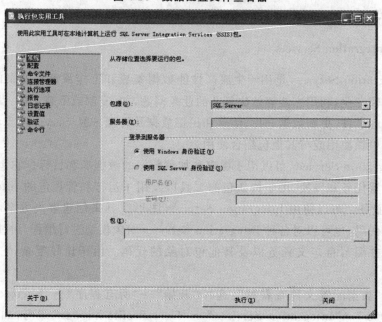

图 4-15　执行包实用工具

4.2.7　Analysis Services

Analysis Services 是 SQL Server 2008 中处理数据挖掘和商业智能的主要工具。一方面，它允许设计、创建和管理包含从其他数据源（如关系数据库）聚合的数据的多维结构，以实现对 OLAP 的支持；另一方面，Analysis Services 提供了大量工具，可以使用这些工具针对关系数据和多维数据集数据生成数据挖掘解决方案。SQL Server 2008 中的数据挖掘不仅功能强大和易于访问，并且与许多用户在进行分析和报告工作时喜欢使用的工具集成在一起。

对这些功能和工具加以组合使用，数据库开发人员能够很好地分析出数据中存在的趋势和模式，从而解决一些业务难题。

启动"Analysis Services"部署向导：选择"开始"→"所有程序"→"Microsoft SQL Server 2008"→"Analysis Services"→"Deployment Wizard"即可，如图 4-16 所示。

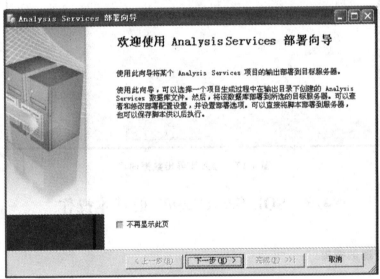

图 4-16　Analysis Services 部署向导

4.2.8　导入和导出数据

它等同于 SQL Server 2000 和 SQL Server 2005 中的 DTS 组件，能够实现多种数据常用格式之间数据的导入和导出。例如，借助于此工具可以将数据库中的课程信息表中的数据导出到一个 Excel 表格中,有利于操作。

启动"导入和导出数据"向导:选择"开始"→"所有程序"→"Microsoft SQL Server 2008"→"导入和导出数据"即可,如图 4-17 所示。

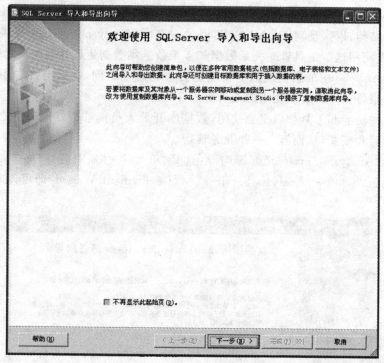

图 4-17 导入和导出数据向导

4.3 SQL Server 2008 的基本操作

4.3.1 管理数据库

1. 创建数据库

使用数据库存储数据必然要首先创建数据库。创建数据库之前,用户必须设计好数据库的名称以及它的所有者、空间大小以及存储信息的文件和文件组。在 SQL Server 2008 中有两种创建数据库的方法,第一种是在 SQL Server Management Studio 中使用现有的命令和功能,以图形化方式进行创建;第二种是通过 T-SQL 语句创建。现在分别对这两种方法加以阐述。

（1）使用 SQL Server Management Studio 创建数据库

使用 SQL Server Management Studio 创建数据库的方法非常简单，尤其适用于初学者。现以图例的形式加以分析说明，具体操作步骤如下。

①启动 SQL Server Management Studio，并连接到本机的数据库服务器。

②选择左侧"对象资源管理器"的"数据库"节点，用鼠标右键单击，在弹出的快捷菜单中选择"新建数据库"命令，如图 4-18 所示。

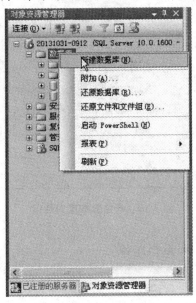

图 4-18　新建数据库

③进入"新建数据库"窗口，如图 4-19 所示，此窗口中默认显示"常规"属性页。在"数据库名称"文本框中填写数据库名"db_jxy"。

"所有者"中可以选择一个指定用户，这里默认数据库管理员。

根据具体情况决定是否启用"使用全文索引"。

数据库文件包括数据文件和日志文件，是自动生成的，用户可以自行修改。尤其是在创建较为大型的数据库时，修改数据文件和日志文件的存储路径有助于提高数据的读取效率。

"选项"页可以设置数据库的各项属性，这里暂不介绍。

④设置完成后，单击"确定"按钮，即成功添加数据库。新建的数据文件和日志文件可在相应的存储数据库文件的目录中找到。

（2）使用 CREATE DATABASE 语句创建数据库

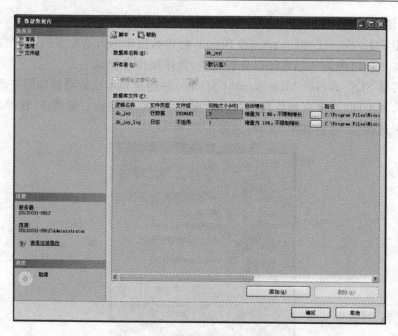

图 4-19　新建数据库对话框

语法如下：

CREATE DATABASE 数据库名

[ON

（[NAME＝逻辑文件名称,]

　　FILENAME＝物理文件名称

[,SIZE＝初始文件大小]

[,MIXSIZE＝文件最大长度值]

[,FILEGROWTH＝文件每次增量])]

[LOG ON

（[NAME＝逻辑文件名称,]

　　FILENAME＝物理文件名称

[,SIZE＝初始文件大小]

[,MIXSIZE＝文件最大长度值]

[,FILEGROWTH＝文件每次增量])]

[COLLATE 排序规则名称]

这是一个典型的创建数据库的脚本。

注意:数据库的名称可以是中文或者英文名称;所要创建的数据库名称必须是系统中不存在的。

这里使用 CREATE DATABASE 命令创建一个简单的,名称为"db_jxylk"的数据库,运行结果如图 4-20 所示。

2.修改数据库

数据库创建完成后,随着据用户环境的改变,可以对原始文件进行一些更改。例如,修改数据库名称、大小及对其进行属性的设置等。

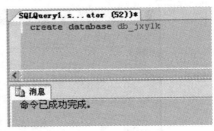

图 4-20　创建数据库

(1)使用 SQL Server Management Studio 修改数据库

下面以刚刚创建的名为"db_jxy"为例介绍如何更改数据库的所有者。具体操作步骤如下。

①用鼠标右键单击需要更改的数据库"db_jxy"选项,在弹出的快捷菜单中选择"属性"命令,打开"数据库属性"页,如图 4-21 所示。

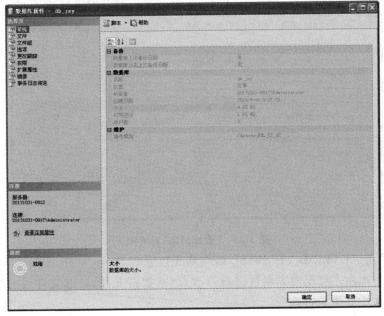

图 4-21　数据库属性

其中,"常规"、"文件"、"文件组"等页可以对数据库进行相应的修改和设置。

②这里,单击"数据库属性"窗口中的"文件"选项页,然后单击"所有者"后的浏览按钮,弹出"选择数据库所有者"对话框,如图4-22所示。

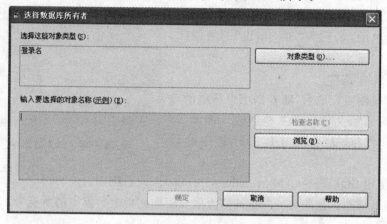

图 4-22 "选择数据库所有者"对话框

③单击"浏览"按钮,弹出"查找对象"对话框,如图4-23所示。通过该对话框选择匹配对象。然后单击"确定"按钮,完成数据库所有者的更改操作。

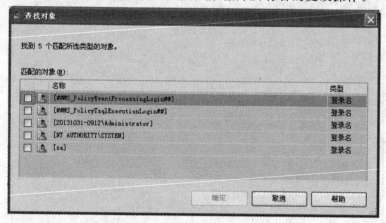

图 4-23 "查找对象"对话框

(2)使用 ALTER DATABASE 语句修改数据库

修改数据库主要是对其属性进行修改;增减数据文件、日志文件或文件组;改变文件的大小和增长方式等。

T-SQL 中修改数据库的命令为 ALTER DATABASE。

语法格式如下:

ALTER DATABASE 数据库名

{ADD FILE<数据文件描述符>[,…n][TO FILEGROUP 文件组名]

|ADD LOG FILE<日志文件描述符>[,…n]

|REMOVE FILE 逻辑文件名

|ADD FILEGROUP 文件组名

|REMOVE FILEGROUP 文件组名

|MODIFY FILE<数据文件描述符>

|MODIFY NAME＝新数据库名

|MODIFY FILEGROUP 文件组名{<文件组属性> |NAME＝新文件组名}

}

注意：使用 ALTER DATABASE 语句只是修改了数据库的逻辑名称，并不会改变数据库的物理名称；MODIFY FILE 一次只能修改一个文件的一个属性。

例如，将一个大小为 10MB 的数据文件 mrkj 添加到 MingRi 数据库中，该数据文件的大小为 10MB，最大的文件大小为 100MB，增长速度为 2MB，MingRi 数据库的物理地址为 D 盘文件夹下。SQL 语句如下：

ALTER DATABASE Mingri

ADD FILE

(

NAME＝mrkj,

Filename＝'D:\mrkj. ndf',

size＝10MB,

Maxsize＝100MB,

Filegrowth＝2MB

)

3. 删除数据库

当某一个数据库不再需要时就应该彻底删除，将其所占用的空间释放给操作系统。同样，完成这项操作也有两种方法。

(1)使用 SQL Server Management Studio 删除数据库

下面介绍如何删除数据库"db_jxylk"，具体操作步骤如下。

①首先选中要删除的数据库"db_jxylk"，用鼠标右键单击，在弹出的快捷菜单中选择"删除"命令，如图 4-24 所示。

②在弹出的"删除对象"窗口中单击"确定"按钮即可删除数据库，如图 4-25

所示。

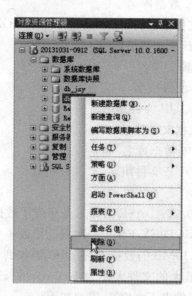

图 4-24　删除数据库

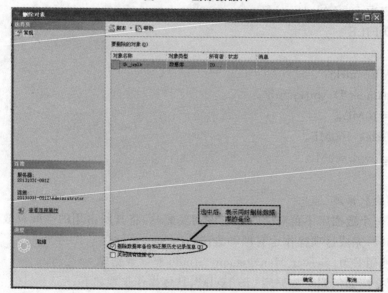

图 4-25　删除数据库

注意:应当谨慎执行删除数据库的操作,有必要在删除之前与相关人员加以确认,如有需要还应提前做好备份或数据导出的工作;此外,系统数据库(msdb、model、master、tempdb)无法删除,否则会影响 SQL Server 2008 的运行;删除数据库后应立即备份 master 数据库,因为删除数据库将更新 master 数据库中的信息。

(2)使用 DROP DATABASE 语句删除数据库

语法格式如下:

DROP DATABASE database_name[,⋯n]

其中,database_name 是要删除的数据库名称;[,⋯n]表示可以为多个数据库。

例如,删除数据库"db_jxy",在查询分析器中的运行结果如图 4-26 所示。

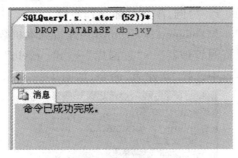

图 4-26　删除数据库"db_jxy"

注意:使用 DROP DATABASE 命令删除数据库时,系统中必须存在所要删除的数据库,否则系统将会出现错误;删除正在使用的数据库时,系统也将出现错误(图 4-27)。

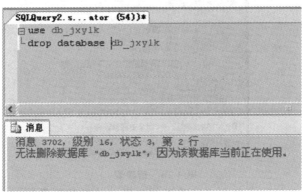

图 4-27　删除数据库

4.3.2 管理数据表

1.创建数据表

通常,设计表结构是创建表之前一项非常重要的工作。数据表的设计在开发系统中占有关键性的地位。在 SQL Server 2008 中,创建数据表可以通过两种方法:第一种为通过表设计器创建数据表;第二种为利用 T-SQL 来实现表的创建。

(1)使用 SQL Server Management Studio 创建数据表

SQL Server Management Studio 中提供一个前端的、填充式的表设计器,简化了表的设计工作,图形化的方法让数据表的创建更加简洁、方便。下面以在"db_jxylk"中创建数据表"lk_ry"为例,阐述具体操作步骤。

①启动 SQL Server Management Studio,并连接到本机数据库服务器。

②选择左侧"对象资源管理器"→"数据库"→"db_jxylk"→"表",用鼠标右键单击,在弹出的快捷菜单中选择"新建表"命令,如图 4-28 所示。

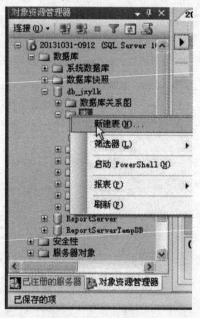

图 4-28 新建表

③在表设计器的列表框中填写需要的字段名及其数据类型、长度、是否为空等属性,如图 4-29 所示。

④当新建表的各个列的属性设置完成之后,进行保存,在弹出的"选择名称"对

话框中输入新建表名"lk_ry"。单击"确定"按钮,即添加表成功。

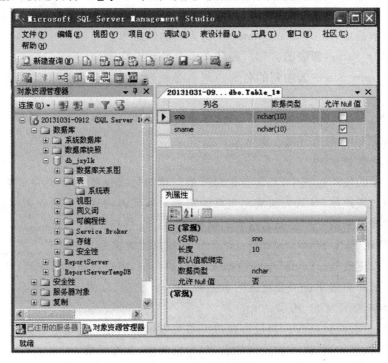

图 4-29　创建数据表

(2)使用 CREATE TABLE 语句创建数据表

利用 CREATE TABLE 语句可以创建数据表,该命令的基本语法如下:

CREATE TABLE[database_name. [schema_name]. [schema_name.]table_name

({<column_definition>}

　　[<table_constraint>][,…n])

　　[ON{filegroup|"default"}]

[;]

<column_definition>::=

column_name<data_type>[NULL | NOT NULL]

　　[

　　　　[CONSTRAINT constraint_name]DEFAULT constant_expression]

　　　　|[IDENTITY[(seed,increment)][NOT FOR REPLICATION]

　　]

参数说明如下。

• database_name：是创建表的数据库的名称，必须指定现有数据库的名称。如果未指定，则 database_name 默认为当前数据库。

• table_name：新表的名称。表名必须遵循标识符规则。

• column_name：表中列的名称。列名必须遵循标识符规则并且在表中是唯一的。

• ON{filegroup|"default"}：指定存储表的文件组。如果指定了"default"，或根本未指定 ON，则表存储在默认文件组中。

2.修改数据表

在数据的使用过程中，经常会发现开始创建的数据表在结构、约束等方面会存在某些问题或缺陷，导致无法满足现在的需要。如果再创建一个新表来将其替换，又会丢失掉原来的一些数据。这时候就需要对原有数据表进行修改。

(1)使用 SQL Server Management Studio 修改数据表

下面以更改"db_jxylk"中的数据表"lk_ry"为例，阐述具体操作步骤。

①用鼠标右键单击需要更改的数据表"lk_ry"选项，在弹出的快捷菜单中选择"设计"命令，如图 4-30 所示。

②进入"表设计"窗口，通过该窗口可以对数据表的相关选项进行设计。例如，可以新增列、删除列，以及修改列的名称、数据类型、长度等等。

③修改完成后单击"保存"按钮，修改成功。

注意：若要修改的表与其他表存在依赖关系，还应在解除此关系之后再进行相关修改的操作；此外，若表中已存在数据记录，为避免引起错误，应尽可能不去修改表的结构。

(2)使用 ALTER TABLE 语句修改数据表

ALTER TABLE table_name

{[ALTER COLUMN column_name

{new data type[(precision[,scale])]}

[NULL | NOT NULL]

| ADD

{[<column_definition>][,…n]}

| DROP{[CONSTRAINT]constraint_name | COLUMN column_name}[,…n]}

参数说明如下。

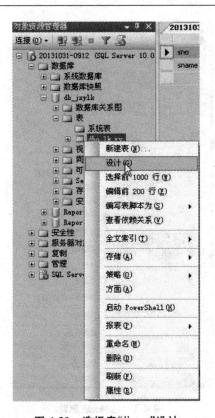

图 4-30　选择表"lk_ry"设计

- table_name:所要修改的表的名称。
- ALTER COLUMN:修改列的定义。
- ADD:增加新列或约束。
- DROP:删除列或约束。

3.删除数据表

一个数据表如果不再使用,则可以将其彻底删除。

(1)使用 SQL Server Management Studio 删除数据表

①用鼠标右键单击需要删除的数据表"lk_ry"选项,在弹出的快捷菜单中选择"删除"命令,如图 4-31 所示。

②进入"删除对象"窗口,如图 4-32 所示,通过该窗口可以删除数据表的相关选项,单击"确定"按钮,删除成功。

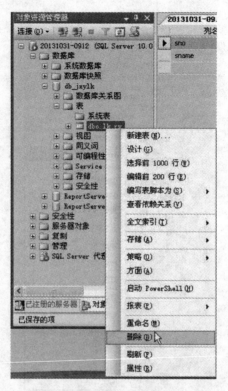

图 4-31　选择表删除

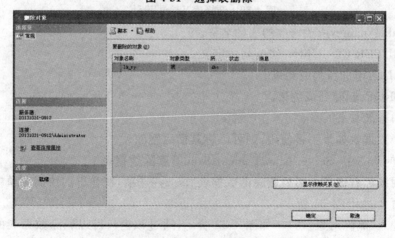

图 4-32　"删除对象"窗口

(2)使用 DROP TABLE 语句删除数据表

删除数据表的语法格式如下：

DROP TABLE table_name[,…n]

其中,table_name 为所要删除的表的名称。

4.3.3　数据操作

在数据库和表都创建完成之后就可以对表进行数据的操作了。以对 db_jxylk 数据库中的 lk_yz 表进行记录的插入、修改和删除操作为例,分别说明通过 SQL Server Management Studio 图形界面和 T-SQL 语句操作表数据的方法。

1. 使用 SQL Server Management Studio 操作数据

①启动 SQL Server Management Studio,并连接到本机数据库服务器。

②选择左侧"对象资源管理器"→"数据库"→"db_jxylk"→"表",用鼠标右键单击需添加数据的表,在弹出的快捷菜单中选择"编辑前 200 行"命令。

③这时候进入操作所选择的表数据窗口,刚刚创建的数据表中并没有记录。如图 4-33 所示。在这一界面中可以进行数据的插入、删除和修改操作。

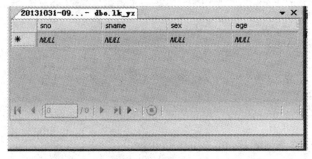

图 4-33　操作表数据窗口

④插入记录的操作:可直接在图 4-33 的窗口中进行数据的添加。每输入完一列的值,按回车键,光标将自动跳到下一行。注意:添加记录时一定要考虑到数据类型、是否为空等约束,以免无法录入。输入完成之后可直接关闭,系统会将输入的符合要求的数据进行自动保存。

向 lk_yz 表中增加 10 条记录,如图 4-34 所示。

⑤删除记录:在操作表数据的窗口中定位需要删除的记录行,即将当前光标移到要被删除的行,此时该行反相显示,单击鼠标右键,从弹出的快捷菜单上选择"删除"命令,如图 4-35 所示。

随后,将出现如图 4-36 所示的确认对话框,单击"是"按钮将删除所选择的记录,单击"否"按钮将不删除该记录。

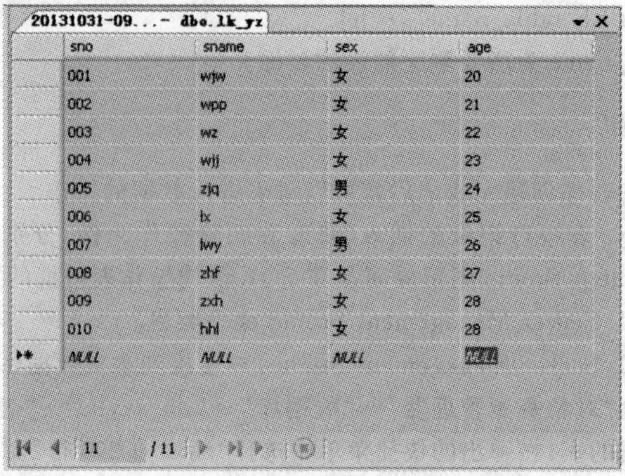

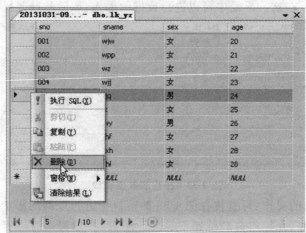

图 4-34 向表 lk_yz 中添加记录

图 4-35 删除记录

图 4-36 确认是否执行删除操作

⑥修改记录:先定位要进行修改的记录字段,然后对该字段的值进行修改即

可。例如，将表 lk_yz 中的第 2 条记录的“age”的字段值改为 24，如图 4-37 所示。

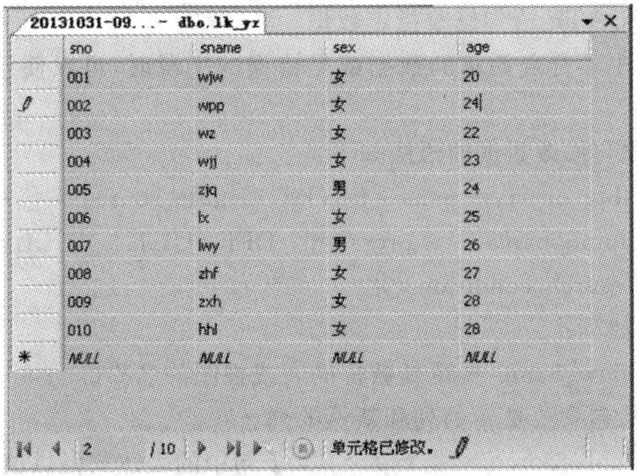

sno	sname	sex	age
001	wjw	女	20
002	wpp	女	24
003	wz	女	22
004	wjj	女	23
005	zjq	男	24
006	lx	女	25
007	lwy	男	26
008	zhf	女	27
009	zxh	女	28
010	hhl	女	28
NULL	NULL	NULL	NULL

图 4-37　修改记录数据

2.使用 T-SQL 语句操作数据

(1)使用 INSERT 语句添加数据

INSERT 语句可以实现向表中添加新记录的操作。使用该语句一次只可以向表中插入一条新记录或者插入一个结果集。

语法如下：

```
INSERT [INTO] Table_or_view name
    VALUES(expression)[,... n]
```

各参数含义如下：

• table_or_view_name：要插入数据的表或视图的名称。

• VALUES：引入要插入的数据值的列表。

• expression：要插入数据值的列表。通常为一个常量、变量或表达式。

例如，利用 INSERT 语句向数据表 lk_yz 添加数据记录。SQL 语句如下：

```
USE db_jxylk
INSERT INTO lk_yz
(sno,sname,sex,age) VALUES('011','bzq','女','24')
```

如果省略要插入的数据的列名，则 VALUES 子句中指定值的顺序必须与表中列的顺序一致。SQL 语句如下：

```
USE db_jxylk
INSERT INTO lk_yz
```

VALUES('012','myj','女','24')

(2)使用 UPDATE 语句修改指定数据

修改数据表中不符合要求的数据或是错误的字段时,可以使用 UPDATE 语句进行修改。

UPDATE 语句修改数据的语法如下:

UPDATE table_or_view_name [FROM{<table_source>}[,…n]]

  SET column_name={expression | DEFAULT | NULL}

[WHERE<search_condition>]

各参数含义如下:

- table_or_view_name:要更新数据的表或视图的名称。
- SET 子句:包含要更新的列和新值的列。
- FROM<table_Sorce>:指定为 SET 子句中的表达式提供值的表。
- expression:返回单个值的变量、文字值、表达式或嵌套 select 语句(加括号)
- DEFAULT:指定用为列定义的默认值替换列中的现有值
- WHERE:指定条件来限定所更新的行,若省略,则表示要修改所有记录。
- search_condition 为要更新的行指定需满足的条件。

例如,将 lk_yz 表中"zhf"的性别修改为男。SQL 语句如下:

USE db_jxylk

UPDATE lk_yz

SET Sex='男'

WHERE sname='zhf'

执行完毕后,一条记录被修改。

例如,将 lk_ry 表中所有人员的年龄加 1 岁。SQL 语句如下:

USE db_jxylk

UPDATE lk_yz

SET age=age+1

执行完毕后,表中所有记录都被修改。

(3)使用 DELETE 语句删除指定数据

DELETE 语句用于从表或视图中删除行。

语法如下:

DELETE

FROM<table source>[,…n]

［WHERE ＜search_condition＞］

各参数含义如下：

· FROM＜table source＞：指定要从中删除数据的表。

· WHERE：用于设置删除条件，所有符合该子句下的搜索条件都将被删除。若省略则表示删除表中所有记录。

注意：DELETE 语句删除记录会存在日志中，它不是一种永久删除的方式。

例如，删除 lk_yz 表中 sno 为 011 的员工信息。SQL 语句如下：

USE db_jxylk

DELETE FROM lk_yz WHERE sno＝'011'

第 5 章　网络数据库应用开发研究

伴随着计算机网络技术和数据库技术的飞速发展,基于网络数据库的应用也不断变化着。在几十年的时间里,计算机的应用结构经历了单机与集中式结构、文件服务器结构、客户机/服务器结构、浏览器/服务器结构。单机与集中式结构、文件服务器结构均由于自身限制,渐渐地不能满足用户要求而逐步被淘汰。网络数据库应用系统开发平台结构主要考虑 C/S 结构和 B/S 结构。本章重点讨论基于 C/S 和 B/S 的网络数据库应用系统开发技术。

5.1　基于 C/S 的网络数据库应用技术

C/S 结构是一种为大家所熟知的软件系统体系结构。在网络数据库中,C/S 模式能够对任务进行合理的分配,从而充分发挥数据库服务器和客户机各自的处理功能。它在一些大型企业具有广泛的应用。

5.1.1　C/S 体系结构概述

1.C/S 计算模式分析

时至今日,C/S 技术的发展已经相当成熟。以客户机/服务器(Client/Server,简称 C/S)的计算模式逐渐取代了以大型机为中心的计算模式。在 C/S 计算模式中,应用一般由三部分组成:客户机(前端)、服务器(后端)和中间件。C/S 计算模式的结构如图 5-1 所示。

客户机/服务器体现了明显的分工差异,它们分别负责不同的工作。一般而言,客户机部分运行于微机或工作站上,主要完成用户与数据交互的任务;服务器部分可以运行于从微机、工作站到大型机等各种计算机上,主要负责有效地管理系统资源;中间件负责连接客户端应用程序与服务器管理程序,协同完成一个作业,以满足用户查询数据的要求。

通常,客户机部分和服务器部分分别工作在不同的逻辑实体中,它们共同协作,特殊情况下二者可以共同承担多种需要处理的费时工作。可见,网络中的客户机和服务器并没有一定的界限,两者的角色在有些情况是可以互换的。下面具体描述一个 C/S 计算机模式中的三个组成部分。

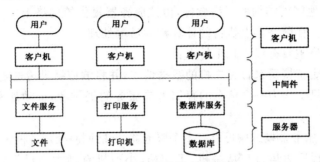

图 5-1 C/S 计算模式结构图

(1)客户机部分

客户机部分是一个运行在客户机上的数据请求程序。它执行客户端应用程序,主要负责人机交互,管理用户接口,建立或断开与服务器的连接。客户机提供用户界面、采集数据并向服务器请求服务,接收来自服务器对请求的处理结果信息并显示给最终用户。由客户机执行的计算称为前端处理,具有与提供、操作和显示数据相关的功能。客户机软件包括以下部分:提供数据传输服务的网络接口软件,执行电子表格或数据查询等具体任务的应用程序软件,以及执行几乎所有用户都要求的标准任务的实用程序软件。

客户机部分主要有以下几个特点:

①它是一个面向最终用户的接口设备或应用程序,可以接收用户命令和数据的输入产生相应的数据库请求,并向服务器请求数据,然后将信息显示给用户。

②客户机/服务器模式中可以包括多个客户机,同一系统中可能有多个接口。

③客户机可以是微机、工作站、小型机直到大型机,不过绝大多数客户机选用价格相对较低的微机。

④客户机上可运行 Windows、UNIX 或 Linux 等多种不同的操作系统。

⑤客户机上还通常安装 Visual Basic、Delphi、PowerBuilder 等辅助数据库应用系统开发的工具软件。

(2)服务器部分

服务器执行后台程序,完成 DBMS 的核心功能,包括数据库系统的共享管理、通信管理、文件管理以及数据库访问等。服务器部分是一个运行在服务器上的应用程序或服务软件,它向网络上的一个或多个客户机提供服务。当多个客户并发地请求服务器资源时,能够对资源进行最优化处理。这些服务包括数据分析、加工等。服务器硬件具有强大的信息处理能力和计算能力;服务器软件包括以下部分:遵循 OSI 或其他网络结构的网络软件,由该服务器提供给网络上客户机的应用程序或服务软件。在服务器上执行的计算称为后端处理。

服务器部分主要有以下几个特点:

①服务器能够接受来自客户机的数据请求,并将响应结果传送给客户机。

②服务器只是作为一个信息的存储者或服务的提供者,被动地和客户机建立会话。

③客户机/服务器模式中可以有多个服务器,并能同时处理各种客户机的请求。

④服务器程序可运行在从微机、工作站、小型机直到大型机等各类计算机平台上。

⑤服务器上可运行 Windows、UNIX 或 Linux 等多种不同的网络操作系统。

⑥服务器上还通常安装 SQL Server、MySQL、Sybase 或 Oracle 等能够支持 C/S 模式的网络数据库管理软件。

(3)中间件

中间件没有统一的定义,它的主要作用为连接网络中的各部件,能够实现网络中软件和硬件间的透明连接。其中,软件连接主要包括网络协议、网络应用接口和数据库的连接接口等,而硬件连接主要有网卡和通信介质等。

一方面,网络部件的异构性得以隐藏,提供给程序员的是更为简单的、较高层次的应用程序编程接口,从而使其将更多的精力集中在应用方面,而不必在通信问题上耗费时间。

另一方面,它能支持所有类型的网络,保证了网络透明性;它能通过标准的 SQL 语言与不同 DBMS 上的 SQL 语言连接起来,保证了服务器透明性;它能实现开发语言与服务器所使用的数据类型的相互转换,保证了语言透明性。不过由于中间件的复杂程度不同,所以并不是所有的中间件都能满足上述要求。

中间件必须具有下面几个特点:

①中间件可以支持分布计算,提供跨网络、硬件、服务器、语言及操作系统平台透明性的应用或服务的交互。

②中间件可以满足大量应用的需要,并能运行于多种硬件和操作系统平台。

③中间件可以支持标准的协议和接口。

由于绝大部分用户的中间件并非自己开发的,可以有选择的使用。选择时应重点考虑以下问题:

第一,所选择的中间件对于各种硬件平台、操作系统、网络数据库产品以及

Client 端都应当是兼容的、开放的。

第二,所选择的中间件应保持平台的透明性,这样用户在开发的时候就不用过多的考虑操作系统的问题。

第三,所选择的中间件应当能够保护交易的一致性和完整性,从而提高系统的可靠性。

第四,所选择的中间件对于开发成本而言,应当是尽量降低,并在此基础上提高工作效率。

第五,所选择的中间件应当能够帮助节省大部分的编程工作,从而使用户更专注于个性化的增值应用方面,并加快开发速度。

2.C/S 环境下应用成分的分布

通常,一个典型的 C/S 应用程序能够分解为 4 个组成部分,如图 5-2 所示。

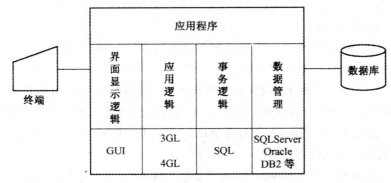

图 5-2　C/S 环境下组成应用程序的 4 个组成成分

(1)界面显示逻辑

这是与用户交互的应用代码。目前以各种图形用户界面(GUI)的形式最为流行。它主要负责屏幕的格式化和信息读写,窗口、键盘和鼠标管理等。

(2)应用逻辑

这是根据输入数据来完成业务处理和规则的应用代码,通常是采用 3GL 或 4GL 编写。

(3)事务逻辑

这是应用程序中用 DML 语句编写的代码,在关系 DBMS 中通常会采用 SQL 编写。它主要负责程序中的事务处理。

(4)数据管理

这是应用程序中由 DBMS 完成访问实际数据库的程序。在理想的情况下,

DBMS 的数据管理相对于应用的业务处理来说是透明的。虽然 DBMS 不属于应用程序本身,但它是分布式处理的基本组成部分。

在 C/S 环境下,通常把界面显示逻辑和应用逻辑驻留在客户机上;而把事务逻辑和 DBMS 功能驻留在服务器上。如图 5-3 所示是支持 C/S 模式的 SQL Server 系统情况。

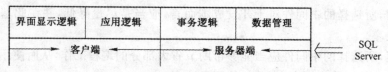

图 5-3　SQL Server 支持 C/S 模式

5.1.2　客户端常用开发工具

1. Visual Basic

Visual Basic 是由 Microsoft 公司研制和开发的一种基于 Windows 的程序设计语言,也是一种可视化的开发数据库应用或其他应用的工具。VB 采用了面向对象的技术。VB 为开发人员提供了编辑框、各类按钮、下拉列表等可视化的对象,方便用户以一种所见即所得的交互式方式构造出用户界面。它能满足小到开发个人、小组使用的小工具,大到遍及全球的分布式应用程序的所有请求。因此,也获得了极为广泛的应用。

如图 5-4 所示为启动 Visual Basic 6.0 后出现的"新建工程"对话框。

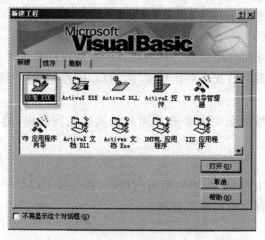

图 5-4　"新建工程"对话框

　　在对话框中选择一个工程类型，单击"打开"就会进入 Visual Basic 的集成开发环境，如图 5-5 所示。

　　如今，经过不断的完善和改进已经发展成为非常成熟稳定的开发系统。Visual Basic 主要具有以下特点：

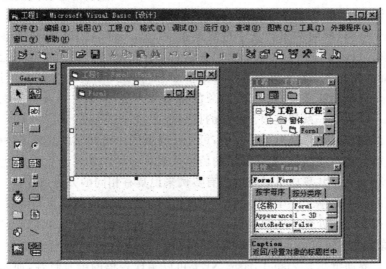

图 5-5　Visual Basic 的集成开发环境

　　①具有简单易学的集成开发环境。VB 对原有的 BASIC 语言进行了发展，具有更加强大的功能。不但专业人员可以使用它实现任何其他 Windows 编程语言的功能；初学者只要掌握几个关键词也可以建立实用的应用程序。可见，它可以适合各种开发人员使用，可以作为初学者、高级编程人员的首选语言。

　　②具有强大的数据库功能。VB 可以轻松地通过 ODBC、Microsoft Jet（数据库引擎）等实现对数据库的连接和访问。ODBC 一般用于 C/S 结构的应用中，Microsoft Jet 则主要用于本地数据库。此外，VB 中还提供了大量的支持数据库功能的控件。

　　③具有先进的模块化程序设计功能。用 VB 编制出的大型程序、完成的大规模项目更加简单、美观。众多的内部函数还为编程提供了方便。

　　④具有广泛的应用背景。嵌入 VB 代码的 Office 套件能够完成一定的任务，支持 VBScript 的 IE 4 以上浏览器版本能够在网页上执行一定的功能，VB 可以开发出动态服务器主页，还可以和 SQL Server、IIS 结合完成大型复杂网站的构建。

2. Visual Basic. NET

. NET 是一个存在于程序之下的层,主要是提供服务和功能。Visual Basic. NET 是 Visual Basic 的下一代版本,发生了很大的改动,主要是以. NET Framework 为平台使用 Visual Basic 进行编程,增强了面向对象的支持。

与 Visual Basic 相比 Visual Basic. NET 具有如下特点:

①基于对象、面向对象。基于对象是指 Visual Basic. NET 具有能够直接和 DAO 对象、ActiveX 控件、RDO、ADO 等进行交互的能力。面向对象是指它具有封装性、继承性和多态性。多态性指的是多形态,就是对各个对象的相同接口;继承性使一个对象能够获得另外一个对象的接口和方法;封装性使其他的程序可以直接利用一个包含一系列过程和函数的接口。

②自由线程。线程是可以并发的,可使程序在同一时间段内处理多件事情。

③重载。在不同场合,相同名字的函数或运算符可以表现出不同的行为。

④共享成员。共享成员对类的所有实例来说具有相同的方法或变量。每一个对象创建的时候是基于一个给定的类,因此可分享这些相同的变量和函数。

⑤结构化错误处理。该结构包含了"TRY"、"CATCH"和"END TRY"等关键字,将不稳定的"On Error Goto"语句取而代之。

⑥用户界面继承。Visual Basic. NET 可以实现表单的继承特性,而如果对原始模板加以改变将会使所有由此模板派生出来的其他表单发生相应的变化,这一操作是非常简单方便的。

⑦Web 表单。它以浏览器为平台,所有的代码都运行在 WQEN 服务器上。一方面,它将控件这个特性带给了 HTML 开发,同时,它给我们拉放表单设计和双击控件编写服务端的事件代码能力。

⑧Web 服务。Web 服务允许客户程序通过 HTTP 调用其方法。在组件上的每个方法都表现为一个 URL 并且可以返回数据和接受参数输入。

3. Visual FoxPro

Visual FoxPro(简称 VFP)是 Microsoft 公司推出的完全面向对象的程序设计技术与传统的过程化程序设计模式相结合的完全 32 位的开发环境。

以友好的用户界面、交互式的人机对话方式、向导问答式的开发模式,让 Visual FoxPro 环境的应用开发变得简单、方便。它建立在事件驱动模型的基础之上,让程序开发更加灵活,程序设计人员能够轻轻松松地生成专业级的 GUI 用户界面以及用户所需的 Visual FoxPro 应用。此外,在桌面型数据库应用中,处理的速度也很快。如图 5-6 为 Microsoft Visual FoxPro 的工作平台。

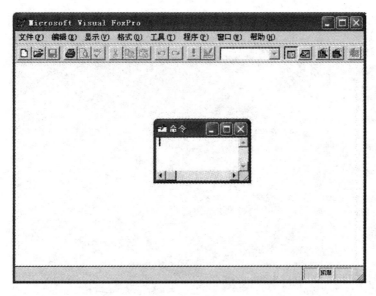

图 5-6 Microsoft Visual FoxPro **工作环境**

如今,VFP 不断发展,版本不断更新,这里以最经典的 Visual FoxPro 6.0 版本为例对其特点进行说明:

①增强了对项目及数据库的控制。

②提供完善的开发工具和功能强大的向导,开发效率更高。

③能够实现对数据的充分利用。

④能够更好地支持小组开发环境,不但允许多个开发人员同时访问数据库对象,还提供了相应工具协同和管理小组开发环境中源代码的更新。

⑤支持 C/S 开发模式。

4. PowerBuilder

PowerBuilder 由美国著名的数据库应用开发工具生产厂商 Powersoft 公司于 1991 年 6 月正式推出,该公司后被 Sybase 公司收购。作为客户/服务器架构的数据库开发技术,PowerBuilder＋Sybase 数据库在 C/S 开发中占有极其重要的地位。PowerBuilder 可以说是早期最受欢迎的 C/S 开发工具。

PowerBuilder 是一类面向对象的、新型的开发工具,为应用程序的开发提供全面、综合的支持。它具有可视化的图形用户界面,非常支持网络功能,开发人员利用它能够以更低的成本更快地开发出质量更好的产品。如图 5-7 所示为 PowerBuilder 的初始界面。

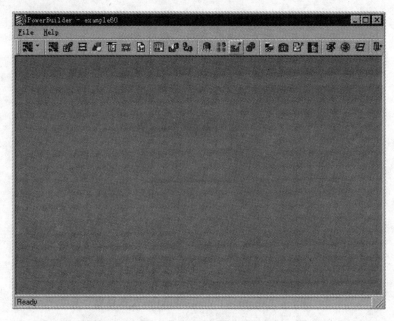

图 5-7 PowerBuilder 的初始界面

PowerBuilder 主要特点如下：

①作为一种专业的 C/S 体系结构应用程序开发工具，正成为 C/S 应用程序开发的标准。

②具有很好的移植性，支持交叉平台，可以跨平台开发或者发行跨平台软件。

③包含 Quick Select、SQL Select、Query、External 和 Stored Procedure 等多种数据源，支持应用系统同时访问多种数据库。

④提供了功能强大的数据窗口技术，不需要编写较复杂的 SQL 语句就能够方便、灵活地实现对数据库中的操作，还能够处理各种报表。

⑤具有自身携带的数据库管理系统 Adaptive Server Anywhere，方便在非网络环境下进行开发设计，以及开发完成时向网络环境下大型数据库的数据信息移植，大大加快了开发速度。

⑥使用功能强大的、可扩展的、面向对象的编程语言——PowerScript，它提供了一整套嵌入式 SQL 语句以及众多的内置函数。

5. Delphi

Delphi 由全球著名的开发商 Borland 公司于 1994 年正式发布，是 Windows 平台下用于快速开发数据库应用程序的工具。Delphi 被称为是第四代编程语言，可以方便地进行传统 C/S 结构及基于 Web 的 C/S 结构应用开发。发展至今,其特性经过无数次的添加和改进,功能不断得以完善。尤其 Delphi 7.0,更是一度风靡世界。如图 5-8 所示为 Delphi 的集成开发环境。

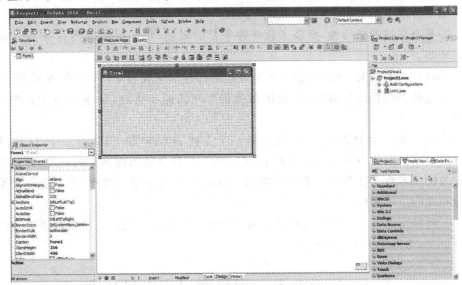

图 5-8 Delphi 2010 集成开发环境

Delphi 取得了许多方面的突破。其典型特点如下:

①Delphi 语言简单,易于学习。

②它集中了第三代语言的优点,编程效率更高,可执行代码质量更高。

③扩充了面向对象的能力,并成功地将可视化编程与面向对象的卓越优点相结合。

④支持 C/S 模式 SQL 数据库访问,与 ODBC 连接,可以开发出适应任何要求的应用程序模块。

⑤以功能强大的图形用户界面为开发环境,还具有广泛的数据库支持和强大的数据库存储功能。

⑥具有很高的应用程序开发完成度,目前已开发完成的应用程序包括各类大型应用工程,广泛应用于社会的各个领域。

6.Java

Java 语言是在 1995 年 5 月由 Sun Microsystems 公司推出的。Java 是一种纯粹的面向对象的程序设计语言。它也是一种网络编程语言,能够最大限度地利用网络资源。它具有与 C 语言相近的风格,一经面世就流行起来,显示出强大的优势,并应用于社会的各个不同领域,例如,用于移动电话、桌面计算机、机顶盒等,展现出广阔的应用前景。

Java 的特性主要表现为以下方面:

①语言简单明了、规模很小,易于理解。

②具有卓越的通用性,突破了软硬件平台的限制,可运行于各类具有 Java 解释的环境。

③具有高度的安全性,提供了可有效预防恶意程序或病毒入侵的安全机制。

④支持多线程运行机制,并提供多线程之间的同步机制,可现实多任务并行处理。

⑤Java 是一个分布式语言,它包括一个支持 HTTP 和 FTP 等基于 TCP/IP 协议的子库。因此,Java 应用程序可凭借 URL 打开并访问网络上的对象,其访问方式与访问本地文件系统几乎完全相同。Java 可以利用相关技术,非常适合于编写分布式的应用程序。

⑥解释型语言。JAVA 虚拟机能够直接运行目标指令代码。链接程序需要的资源更少,为程序员节省了时间。

5.2 基于 B/S 的网络数据库应用技术

在传统的 C/S 结构中,开发工作主要集中在客户端,客户端软件要完成用户数据交互和数据显示的工作,以及对应用逻辑的处理工作,由于用户界面与应用逻辑位于同一平台上,导致系统的可伸缩性较差,并且也造成了安装维护的困难。为此,人们提出了基于 B/S 结构的应用软件技术。

5.2.1 B/S 体系结构概述

1. Web 工作原理

Web 系统是一种基于超链接(Hyperlink)、超文本(Hypertext)、超媒体(Hypermedia)的系统,由于提供媒体信息的多样性,也称为超媒体环球信息网。Web 的工作过程见图 5-9。

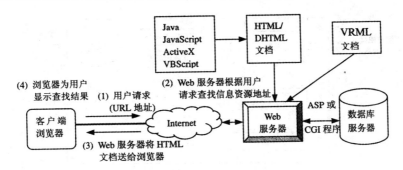

图 5-9　Web 的工作过程

它的工作步骤如下：

①用户启动客户端浏览器，并输入将要访问页面的 URL 地址。浏览器软件使用 HTTP 协议，向该 URL 地址所指向的 Web 服务器发出请求。

②Web 服务器接受请求，并根据 URL 地址对应页面在服务器上的文件路径名找到相应的文件。

③如果 URL 指向 HTML 文档，则 Web 服务器使用 HTTP 协议把该文档直接送给浏览器；如果 HTML 文档中嵌入了 CGI 和 ASP 程序，则由 Web 服务器将程序运行后的结果送到浏览器。

④浏览器解释 HTML 文档，在客户端屏幕上向用户展示结果。

2.B/S 计算模式分析

(1)B/S 浏览器端

客户端浏览器的主要作用是向 Web 服务器发出请求，当接到 Web 服务器传送回来的数据以后，对这些数据进行解释和显示，并返回到浏览器。浏览器以 URL 为统一的定位格式，使用超文本传输协议 HTTP 接收采用 HTML 语言编写的页面。其基本结构如图 5-10 所示。

这一过程中，数据请求、加工、结果返回以及动态网页生成、对数据库的访问和应用程序的执行等工作全部由 Web 服务器完成。

浏览器的发展很快，从最初的浏览器只支持文字和图像，到现在的浏览器支持动画、声音、Java 语言以及各种功能插件等。浏览器的种类很多，常见的浏览器有如下几种：IE 浏览器、火狐浏览器、傲游浏览器、360 浏览器、GreenBrowser、Opera 浏览器、NetScape Navigator 等。

(2)B/S 服务器端

Web 服务器使用 HTTP 协议对客户机的请求给予应答。每一个 Web 服务器

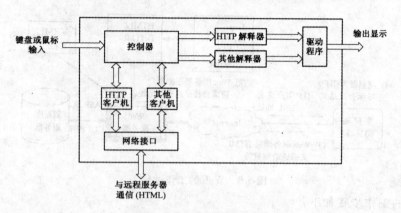

图 5-10　浏览器的结构图

在 Internet 上都有一个唯一的地址，这个地址可以是一个域名（或对应的 IP 地址）。如果客户机提出一个合法的请求，那么 Web 服务器就会把请求的内容传送给客户机。

Web 服务器不仅能够传送各种文件，还可以传送某个程序的输出结果，这就给 Web 与数据库的结合创造了条件。

Web 服务器的种类很多，例如，基于 Windows 2000 操作系统的 IIS。这部分内容在第 3 章已经进行了分析阐述，这里不再赘述。

（3）B/S 网络数据库服务器端

在 B/S 系统中，网络数据库服务器需要有足够的硬件配置支持，要在设计与管理时充分考虑其安全性。目前市场上有很多基于网络的数据库管理系统，如 SQL Server 2005、Oracle 10G 等。从理论上说，B/S 可以使用任意一种提供通用接口的数据库。网络数据库部分主要涉及数据库表的设计与使用、JDBC 接口的设定等内容。

5.2.2　浏览器端开发技术

1. HTML

WWW 服务之所以有着广泛的应用与制作网页所采用的一种名为 HTML 的语言是有很大关系的。HTML 是超文本标识语言（Hyper Text Markup Language)的缩写，是创建网页的计算机语言。它提供了一种集文本、图像、声音、视频等于一体的方法。

所谓网页实际上就是一个 HTML 文档。文档内容由文本和 HTML 标记组成。HTML 文档的扩展名就是.html 或.htm。浏览器负责解释 HTML 文档中的标记,并将 HTML 文档显示成网页。多数浏览器不完全支持 HTML 的所有特性,目前流行的浏览器都支持最新的 HTML 标准。

(1)HTML 语言的结构

HTML 文件是标准的 ASCII 文件。HTML 标记的作用是告诉浏览器网页的结构和格式。它将指令用尖括号"<>"括起来,插入文本之中。文件中加入了许多"标记"的特殊字符串,这些标记主要有<html>、<head>、<title>和<body>4 种。

一个 HTML 文件的结构应是:

```
<html>
    <title>网页的标题</title>
    <head>文件头</head>
    <body>
    文件体
    </body>
</html>
```

从结构上看,HTML 文件由多个元素组成。从整体看,HTML 文档仅由一个元素构成,<html>…</html>分别为 html 文档的开始和结束标记,标记之间主要由两部分组成:文件头和文件体。头元素用标记<head>…</head>来标识,体元素用标记<body>…</body>来标识。而头元素与体元素又由其他元素和文本以及注释等内容组成。HTML 标记中的英文字母不分大小写,但是标记之间的内容是区分大小写的。多数标记都带有自己的属性。例如字体标记<FONT>有 FACE、COLOR、SIZE 等属性:FACE 定义字体;COLOR 定义字体的颜色;SIZE 定义字体的大小。

图 5-11 是一个简单的 HTML 文档例子示意图。

```
<html>
<body>
    Hello,World!
</body>
</html>
```

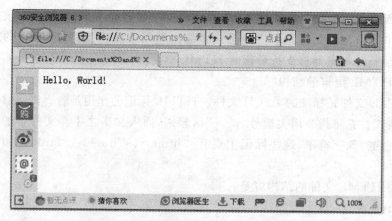

图 5-11　一个最简单的 HTML 文档的显示

（2）HTML 的基本元素

①题目＜title＞。＜title＞元素是文件头中一个必须出现的元素，且它也只能在文件头中出现。其格式是：＜title＞文件题目＜/title＞。

＜title＞标记用来指定文件的标题，这个标题会出现在浏览器的标题栏。一般＜title＞的长度不应超过 64 个字符，且必须放在＜head＞…＜/head＞标记内。

②分段＜br＞与＜P＞。标记＜br＞开始一个新的文字行，也可以中断当前行，但不会插入空行。它是一个单标记。

标记＜P＞…＜/P＞的功能是中断当前行并插入一个空行。它可以有多种属性，如 align＝∗（∗为 left、center 或 right）：表示字符中断换行时，采用左、中、右对齐方式。clear 属性：在 HTML 文件含有图形时，图形会占据窗口的一端，图形的四周可能有较多的空白区。如＜P＞不带 Clear 属性，会使文本内容显示在空白区之内；反之，文本内容会在图形下方显示。

③标题＜hn＞…＜/hn＞。其中的 n 代表 1～6 的数字，表示标题的元素有 6 种，用于表示文本中的各种不同标题。其中＜h1＞指定最大的标题，＜h6＞标题字号最小。标题文字独占一行，不受段落标记影响。同样，标题可以用 align 属性设置对齐方式。

④块引用＜bq＞。HTML 文档有时需要从正常文本中将某些需要强调的文本片断凸显出来，这段文本片断可能是一段较长的引文，这时候就会用到＜bq＞（＜blockquote＞的缩写）。通常这组文本以如下形式区别于正常文本：左右两边缩进，上下各有空行，有时浏览 Web 数据库技术与应用器还将这组文字设成斜体显示。

⑤列表<list>。HTML 可以用简单而有效的方法在 Web 文档中建立各种形式的列表,包括无序列表、有序列表以及定义列表等。

无序列表<ul>:无序列表以<ul>开始,每个标题条目以<1i>开头,标题条目不需要结尾标记</li>,最后用</ul>结束。在输出时每个标题条目自动缩进,前面用黑点。

有序列表<ol>:有序列表以<ol>开始,</o1>结束,其他同无序列表,其输出列表清单时,前面用数字表示序号。

定义列表<dl>:定义列表的功能是对标题条目进行说明,以<dl>开始,</dl>结束。标题条目以<dt:>开头,对它的说明用<dd>开头。

上述各列表可以相互嵌套,并且列表中的条目标记也是可以利用 type 属性进行修改的。

(3)HTML 规范

HTML 规范又称为 HTML 标准,它总在不断地发展。随着新版本的出现不断地增加新的特性和内容。

由于每一个浏览器都使用自己独特的方式解释 HTML 文档中的标记,因此,在不同的浏览器中,网页可能会显示出不同的效果。

Microsoft 和 Netscape 公司在 HTML 标准上又开发了一些特有的 HTML 标记和属性,称之为 HTML 的扩展。只有他们自己的浏览器才能识别出这些标记和属性,这是其他公司的浏览器所不能做到的。对于不能识别的 HTML 文档中的标记,浏览器会选择自动忽略。

(4)HTML 程序的编辑环境与运行环境

HTML 文档是一个普通的文本文件(ASCII),不包含任何与平台、程序有关的信息。正式由于这个原因,使得 HTML 文档的编辑异常简捷,它可以利用任何文本编辑器来方便地生成。只要保证 HTML 文档的扩展名必须是.html 或.htm即可。

运行 HTML 文档可以在任何浏览器下进行,并可在浏览器上查看网页的 HTML 源代码。

2. DHTML

DHTML 为 Dynamic HTML 的简称,即动态 HTML。它是 Microsoft 对 HTML 4.0 版的增强,是 HTML 的一种扩展和延伸,极具实用性。高版本的浏览器对 DHTML 提供良好的支持,并且,DHTML 在各种类型的网站中已经取得广泛应用。

DHTML 让 HTML 页面具有动态的特性。所谓"动态",不仅仅是指页面中加入了动画、影像或声音,更重要的是指页面具有交互性,可以对页面中的内容进行控制与改变。

实际上,DHTML 并不是一种新的语言,而是各种技术的一个集成,这些技术包括 VBScript 或 JavaSeript、DOM(文档对象模型)、Layer(层)和 CSS 等。

(1)客户端脚本语言(Client－side Scripting Language)

脚本语言是 DHTML 最重要的部分,通过它实现了页面中对象的动态变化。长期以来,人们运用服务器端编写脚本来使 HTML 产生变化。而 GHTML 使这一变化可以使用客户端脚本语言实现。如今的浏览器大都可以解析动态 HTML 语言,从而使得网页中更多的 HTML 功能元素得到发挥。

(2)文档对象模型(Document Object Model,DOM)

DOM 从某种角度来说可以称得上是动态 HTML 的真正核心内容。它允许程序和脚本动态访问和更新文档的内容、样式等。DOM 体现的是网页元素的等级关系,这些元素在指定的时间在浏览器上显现。DOM 包括时空背景信息、浏览器自身属性、窗口自身属性等。通过将 DOM 向动态 HTML 语言公开,浏览器能够使网页更多的功能元素发挥作用。

(3)层叠样式表(Cascading Style Sheets,CSS)

CSS 属于 DOM 的一部分,它的属性也可以通过动态 HTML 编写语言得到体现,能够实现页面外在视觉效果方面的几乎一切变化。通过 CSS 能够对多个网页的样式和布局进行同时控制,只要改变页面元素的 CSS 属性(如颜色、位置、大小),就可以达到计算机的带宽和处理器运行速度允许范围内的一切效果。

综上所述,CSS 是进行网页改变的对象,DOM 是其具有变动性的机制,而脚本是实际促成变化的程序,它们的有机结合就是动态 HTML。

3. XML

HTML 是 Web 上的通用语言,随着 Internet 的深入人心,WWW 上的 Web 文件日益复杂化、多样化,人们开始感到了 HTML 这种固定格式的标记语言的不足。这为 XML 的产生与发展提供了动机。1996 年 W3C 开始对 HTML 的后续语言进行研究,并于 1998 年正式推出了 XML。

在万维网技术的发展中,可扩展标记语言 XML(eXtended Markup Language)的出现是其发展的重要阶段。在设计网页时,XML 提供了比 HTML 更灵活的方法。

XML 文件由解释器处理,主要对 XML 做语法分析。IE 6.0、Netscape 6 等浏览器及以上版本均包含有 XML 解释器。

（1）XML 语言的特点

XML 是国际组织 W3C 为适应 WWW 的应用，将 SGML（Standard Generalized Markup Language，标准通用标记语言）标准进行简化形成的元标记语言。即，XML 是标准通用标记语言 SGML 的一个子集。一个 XML 文档由标记和字符数据组成。

XML 与 HTML 具有完全不同的目标，HTML 用来描述信息布局，给出如何显示信息的导向，而 XML 用来描述信息本身，描述信息内容的数据形式和结构。所以两者互相补充，可同时使用。

可以把 XML 看作是一种通用的数据交换语言，它能提供一种简单而通用的方式来存储文本数据，存储在 XML 文档的数据能够以电子形式发送，也能够被多个应用程序处理。一般来说，用 XML 设计的标记语言被称作 XML 应用程序，该程序所处理的信息存储在一个用 XML 应用程序格式化的文档中。

作为元标记语言，XML 不再使标记固定，允许网页的设计者定义数量不限的标记来描述内容，同时还允许设计者创建自己的使用规则。

（2）XML 的基本语法

XML 的基本语法包含标记设置、属性设置及注释使用等。

①标记设置。用于定义数据类型。XML 文档中标记必须是成对出现的。它可以使用中、英文，其中英文标记的书写必需遵守如下规则：英文字母的大小写是有区别的；字符串不可以以保留字 XML 开始，但可以以一般的英文字母或底线（_）开始；字符串除了开始字符以外，其他地方可以使用数字、点或连线（—）；标记之中不能含空格。

②属性设置。它是标记的一部分，是对标记的补充说明。属性设置的方法是：

＜标记名　属性名 1＝"属性值"　属性名 2＝"属性值"……＞

如：＜student SNO＝"2004133270"＞

注意：XML 的元素可以带属性，但一定要用双引号括起来；XML 为元素加上属性，不同元素的属性名称可以相同，但同一个元素不能具有两个不相同的属性名。

③注释使用。注释的表示格式以"＜！--"开始，以"--＞"结束，XML 的解释器在读到注释时，会自动跳过注释，而进入下一段 XML 文本。

（3）XML 的文件要素

一个 XML 文件主要包括两大部分：前言部分和主体部分。前言部分包括版本声明、DTD(document type definition,文件类型定义)说明以及排版样式表说明等;主体部分用来放置文件的内容以及加入的标记。

XML 文件的要素(除文件内容外)还包括声明、元素和处理指令等。

①声明。XML 的声明用来描述该 XML 文件的版本、编码等信息,它必须位于 XML 文件的第一行,声明的格式是:

<? xml version="1.0" encoding="GB2312" standalone="no"? >

其中,version 属性表示当前的 XML 文件用 XML 1.0 标准编写,encoding 表示当前文件所使用的字符集,而 standalone 表示 XML 文件是否需要引用外部文件。

②元素。描述 XML 信息的基本单位,表示方法是:<元素名称>……</元素名称>。XML 文档中允许空元素存在,所谓空元素,即两个标记之间不含任何元素。如<person></person>或</person>。

每个 XML 文件都必须要有且只能有一个根元素,根元素下面可以有其他子元素,每个元素经 XML 解析器解析后会对应 XML 树结构中的一个节点。

③处理指令。处理指令是 XML 文件中的特殊元素,用于给下面的应用程序以声明或提示,或者在文件之中加入非 XML 语句,命令格式为:<? ……? >。

例如,<? xml-stylesheet type="text/xsl" href="course. xsl">就是一个调用 course. xsl 为其 XSL 样式表的指令,它告知浏览器到何处去找到所调用的 XSL 文件。XSL 表示可扩展样式表语言,它本身也是 XML 应用程序。

④良好格式(well-formed)的 XML 文件编写规则。XML 文件的格式要求较严格,凡是文本书写不是良好格式的,系统都会提示出错信息。

一个不含调用任何外部文件的良好格式的 XML 文件需要满足以下规则:XML 文件必须是以声明语句开始的;元素的起始标记和结尾标记必须匹配,如< >…</>形式;所有的标记必须嵌套排列,不可以交错排列;属性值必须用双引号括起来;XML 默认有 5 个实体参照,XML 解释器处理到实体参照时,会将其转换成相对的字符显示;注意空标记的使用,如空标记</br>和
</br>的作用是相同的。

(4)XML 的 DTD

文档类型定义 DTD(Document Type Definition)可以包含于 XML 之后,也可作为独立文件被 XML 文件调用。作为外部文件可通过 URL 链接,被不同的 XML 文档共享。

DTD 是一组应用在 XML 文档中的自定义标记语言的技术规范。它定义了标记的含义及关于标记的语法规则。语法规则中确定了在 XML 文档中使用哪些标记符,它们出现的顺序,标记符之间如何嵌套,哪些标记符有属性等等。

XML 把 DTD 的定义权开放,不同行业可以根据自己的实际需求定义描述内容的 DTD,以适应本行业内部的信息交流和存档需要。如果希望在 XML 中包含 DTD 文件还需要进行相关的设置。方法是在 XML 前言部分的声明之后插入 DTD 构造语句,其基本格式是:

<! DOCTYPE 根元素[……规则……]>

其中的规则包括元素声明、属性声明、实体声明等。

外部 DTD 文件的调用一般有两种方法:第一种为使用 SYSTEM 进行私有调用,第二种为使用 PUBLIC 进行公有调用。

XML 文件一旦使用了 DTD,则 XML 解释器就会对该 XML 文件与 DTD 结合使用的合法性进行自动检测。

(5)XML 的 Schema

DTD 文件尽管在描述文件及其标记时发挥了重要的作用,但是仍然存在一些使用上的局限性。为此,W3C 又推出了 XML Schema。Schema 是用于描述和规范 XML 文档的逻辑结构的一种语言,它提供了除 DTD 以外的有一种控制文档结构的方法。

Schema 在当前的 WEB 开发环境下显示出更高的优越性。它功能强大,用法灵活,能够验证 XML 文件逻辑结构的正确性。

Schema 不是像 DTD 那样使用特殊格式,它本身就是一个有效的 XML 文档,其优点体现在:第一,可以使用相同的工具来编写 XML Schema 和其他 XML 文档,为用户及开发者提供了方便;第二,有利于对 XML 的结构有一个更为直观的了解。

除此之外,Schema 支持命名空间,内置多种简单和复杂的数据类型,并支持自定义数据类型。由于存在这么多的优点,所以 Schema 渐渐成为 XML 应用的统一规范。

(6)XML 的 CSS 与 XSL

CSS(Cascading Style Sheets)是最常见的一种样式表,如今已经存在多个版本,在 HTML 和 XML 中都有着广泛的应用。XSL(eXtensible Style Language)则是可扩展的样式语言。

XML 允许用户创建任何所需的标记,而通用浏览器既无法预期用户标记的意义,又无法为显示这些标记而提供规则,故可以通过 CSS 语法指定显示元素的输出格式。CSS样式表是一个文本文件，可以用任何一种文字编辑器进行编辑。

浏览器对一个XML文档的处理过程如下：首先去关联它所指定的样式单文件，如果该样式单是一个XSL文件，则按照规定对XML数据进行转换然后再显示，XSL本身也是基于XML语言的，可以将XML转化为HTML后再显示。如果该样式单是一个CSS文件，浏览器就会按照样式单的规定给每个标记赋予一组样式后再显示。

（7）XML与HTML的区别

XML与HTML都是来自于SGML的，故都含有标记，并具有相似的语法。随着网络应用的日益广泛，HTML已经在处理文档和数据上表现出力不从心，又由于语法的不够严格，对于网络信息的传输和共享也带来了严重的影响。XML将成为下一代Web运用的数据传输和交互的工具。

二者最大的区别在于：HTML是一个定型的标记语言，它用固定的标记来描述、显示网页内容，例如<H1>表示首行标题有固定的尺寸；而XML则没有固定标记，它无法对网页具体的外观、内容等进行描述，而只是对内容的数据形式和结构进行描述。

另外，二者还存在一个本质上的区别，那就是：HTML将数据和显示混合在一起，而XML则将数据和显示分开。具体来说，HTML文件只是关心网页的显示方式，设计者可以进行任意设计，以各种不同的方式对页面进行排版，而无论怎样的变化，数据都是存储在XML中不变的。也正是因为如此，XML在网络应用和信息共享上更加的方便、高效、可扩展。作为一种先进的数据处理方式，它将使网络实现新的跨越。

4. VBScript

脚本语言VBScript（Microsoft Visual Basic Scripting Edition），是Microsoft的Visual Basic的子集。它继承了VB简单易学的特点，语法基本相同，但为了适应脚本语言的编程环境，对VB的语法规则进行了简化，写出来的程序不需要编译就可执行。当用户用浏览器观看含有VBScript程序的HTML文档时，浏览器下载该文件后，利用其内含的解释器，逐条解释执行VBScript语句，从而完成交互功能。它是一种流行的脚本语言。

使用VBScript，既可编写服务器端脚本，也可编写客户端脚本。服务器端脚本在Web服务器上执行，生成发送到浏览器的HTML页面。客户端脚本由浏览器处理，必须把脚本代码用<SCRIPT></SCRIPT>标记嵌入到HTML页面中去。而一般ASP程序中的VBScript代码都是放在服务器端执行的，即把脚本语言放在标记符＜％和％＞之间。

（1）VBScript 语法

每一种语言都有特定的书写规则，用户在编写某一种语言程序代码时，必须遵守该语言的语法规定。否则代码就不能被计算机识别，从而导致一些错误。

①注释与分行。注释是指在编写代码时，编写者在代码中添加的一些说明性语句。注释只是对一些内容进行说明，并不能被执行。在程序中添加注释有助于对程序的理解，是一个不错的习惯。

在 VBScript 中，注释以 Rem 或撇号开始。注意：以 Rem 开始的注释是单独的语句，必须另起一行或用冒号与前面的语句分开；而用撇号则不需要。

②分行与续行。在 VBScript 中，一般一个语句占据一行。有时候，为了避免一条语句过长带来的诸多不便，常使用续行符将一条语句写在多行上。续行符由一个空格和一条下划线组成，如"_"。

注意：在同一行上不能在续行符的后面添加任何注释；续行符不能在参数名中间使用；可以用续行符拆分一个参数列表，但单个参数名必须保持完整。

（2）常量与变量

①常量。常量是具有一定含义的名称，用于代替数字或字符串，它的值定义之后不能修改。在 VBScript 中，常量又分为内部常量和用户自定义常量两种。

内部常量是在 VBScript 中建立的，在使用之前不必进行定义。可在代码的任意处使用它们以表示说明值。包括颜色常量、字符串常量、日期格式常量等。

可以使用 Const 语句在 VBScript 中创建用户自定义常量。例如：

Const MyString＝"这是一个字符串。"

Const MyAge＝35

请注意字符串文字包含在两个引号（"　"）之间；主要是区分字符串型常数和数值型常数；日期文字和时间文字则包含在两个井号（♯）之间。

②变量。变量是一种使用方便的占位符，即便不了解变量在计算机内存中的地址，也可用于引用计算机内存地址，该地址可以存储脚本运行时可更改的程序信息。变量的作用域由声明它的位置决定。

在 VBScript 中只有一种基本的数据类型——Variant，它是一种特殊的数据类型，可以包含不同类别的信息。此外，它也是 VBScript 中所有函数的返回值的数据类型。最简单的 Variant 可以包含数字或字符串信息，还可以进一步区分数值信息的特定含义，并能够按照最适用于其包含的数据的方式进行操作。

在 VBScript 中通常使用 Dim 语句、Public 语句和 Private 语句在脚本中显式声明变量。并且若声明多个变量,则使用逗号分隔变量。此外,还可以通过直接在脚本中使用变量名这一简单方式隐式声明变量。但这种方式可能会因为变量名被拼错而导致在运行脚本时出现意外的结果,所以不推荐使用。显然,使用 Option Explicit 语句强制程序开发者对于所有变量进行显式声明是个不错的方法。

变量命名必须遵循 VBScript 的标准命名规则,即第一个字符必须是字母;不能包含嵌入的句点;长度不能超过 255 个字符;在被声明的作用域内必须唯一。

(3)运算符与表达式

运算符是用来对操作数进行各种运算的操作符号。VBScript 有一套完整的运算符,包括算术运算符、比较运算符、连接运算符和逻辑运算符。

表达式是许多操作数通过运算符连成的一个整体。当表达式包含多个运算符时,将按预定顺序计算每一部分,这个顺序称为运算符优先级。一般计算的顺序为:算术运算符→比较运算符→逻辑运算符。若所有比较运算符的优先级相同,即按照从左到右的顺序计算比较运算符。如果有括号,则首先计算括号内的部分,括号内的计算仍按照上述顺序执行。

(4)数组

通常,只需为声明的变量赋一个值,只包含一个值的变量称为标量变量。还可以将多个相关值赋给一个变量,这种包含一系列值的变量称为数组变量。有时候采用这种方法会更加方便。

数组变量和标量变量声明的方式是相同的,但形式略有差别,即声明数组变量时变量名后面带有括号()。例如,Dim A(10)就是一个包含 11 个元素的一维数组,它也称为固定大小的数组,在数组中可以使用索引为数组的每个元素赋值。

数组的维数最大可以为 60,声明多维数组时用逗号分隔括号中每个表示数组大小的数字。例如,Dim MyTable(5,10)表示的是一个有 6 行和 11 列的二维数组。

此外,还可以声明动态数组。所谓动态数组,是指在运行脚本时大小发生变化的数组。动态数组的括号中不包含任何数字。例如:Dim MyArray(),ReDim AnotherArray()。动态数组在使用之后还必须随后使用 ReDim 确定维数和每一维的大小。利用 ReDim 语句还能够重新调整数组的大小,并同时使用 Preserve 关键字在重新调整大小时保留数组的内容。动态数组大小可以无限次进行调整。

(5)VBScript 程序设计

①顺序结构程序设计。顺序结构的程序一般只有一个起始点、一个终止点以

及一些处理语句,在这种程序中无分支、无循环、无转移,以直线方式一条指令接着一条指令地顺序执行。一般而言,顺序程序设计并不复杂。

②分支结构程序设计。分支结构的程序分成了若干个支路,运行时,程序能根据不同情况自动进行判断,有选择地执行相应的处理程序。VBScript 中的选择语句可分为两种:If 语句和 Select Case 语句。

If…Then…Else 语句用于计算条件是否为 True 或 False,并且根据计算结果指定要运行的语句。通常条件是使用比较运算符对值或变量进行比较的表达式。If…Then…Else 语句可以按照需要进行嵌套。通常分为以下情况:使用该语句的单行(多行)语法,使得条件为 True 时运行单行(多行)语句;使用该语句定义两个可执行的语句块,使得条件为 True 和 False 时分别执行某些语句;使用该语句的一种变形——添加 ElseIf,使得满足不同条件时可执行多种不同的程序。

Select Case 结构提供了 If…Then…ElseIf 结构的一个变通形式,可以从多个语句块中选择执行其中的一个。其代码更加简洁,可读性更强。Select Case 语句结构以关键字 Select Case 开始,以关键字 End Select 结束。Select 语句只计算表达式一次,然后将计算的值与 Case 语句中的值按照其在 Select…Case 块中的出现顺序进行比较。可以有任意数量的 Case 语句,而且可以包括或省略 Case Else 语句。尤其是分支选择达到 3 个以上时,Select Case 结构表现出比 If…Then 结构更高的更清晰性,且具有更高的效率。当分支选择低于 3 次时,建议还是使用 If…Then 分支结构。

③循环结构程序设计。循环结构用于重复执行一组语句。循环语句可分为 3 类:一类在条件变为 False 之前重复执行语句,一类在条件变为 True 之前重复执行语句,另一类按照指定的次数重复执行语句。所以在 VBScript 中可使用下列循环语句:

For…Next:用于将语句块运行指定的次数,使用计数器重复运行语句。特殊情况下,若想在计数器达到其终值之前推出循环,则可以使用 Exit For 语句。

For Each…Next:对于集合中的每项或数组中的每个元素,重复执行一组语句。

Do…Loop:当(或直到)条件为 True 时重复执行语句块。特殊情况下,可使用 Exit Do 退出循环。

While…Wend:当条件为 True 时重复执行语句。由于其缺乏灵活性,所以建议使用 Do…Loop 语句。

(6)VBScript 函数与过程

VBScript 脚本语言提供了许多无需定义即可直接使用的函数,包括用于对字符串进行处理和操作的字符串函数、用于实现对日期和时间相关操作的日期函数、用于实现数据类型强制转换的类型转换函数、用于输入的 InputBox 和用于输出的 MsgBox 以及其他一些常用函数。

除了上述内部函数之外,程序员还可以根据某个实际需要自定义一个特殊的函数,以便于其他函数和过程的调用。定义函数的语句是 Function 语句。Function 过程开始和结束分别使用 Function 和 End Function 语句。Function 过程可以使用参数(由调用过程传递的常数、变量或表达式),若无任何参数,则 Function 语句必须包含空括号。Function 过程与 Sub 过程类似,但是 Function 过程可以返回值。Function 过程通过函数名返回一个值,这个值是在过程的语句中赋给函数名的。Function 返回值的数据类型总是 Variant。

VBScript 过程是没有返回值的,这也是过程与函数的最大区别之处。在 VB-Script 的脚本语言中使用 Sub 语句进行过程定义。Sub 开始和结束分别使用 Sub 和 End Sub 语句,执行操作但不返回值。同样,Sub 过程可以使用参数(由调用过程传递的常数、变量或表达式),若无任何参数,则 Sub 语句必须包含空括号。可以使用独立的调用语句来显式调用 Sub 过程。不能在表达式中使用其名称来调用它。调用语句必须提供所有非可选参数的值,并且必须用括号将参数列表括起来。如果未提供任何参数,也可以选择省略括号。

5. JavaScript

JavaScript 语言是一种基于对象和事件驱动并具有安全性能的脚本语言。它的特点主要体现在:简单性、动态性、跨平台性、安全性。

通过 JavaScript 语言编程,可以在网络数据库应用系统开发中实现以下主要功能:客户端的数据验证功能;方便地操纵各种浏览器对象;控制浏览器的外观、状态和运行方式。

与 CSS 相比,JavaScript 与 CSS 都是可以直接在客户端浏览器解析并执行的脚本语言。CSS 是静态的样式设定,而 JavaScript 是动态地实现各种功能。

总之,JavaScript 是一种基于客户端浏览器的语言,用户在浏览的过程中填表、验证的交互过程只是通过浏览器对调入的 HTML 文档中的 JavaScript 源代码进行解释执行来完成的,即使是必须调用 CGI 的部分,浏览器只将用户输入验证后的信息提交给远程的服务器,大大减少了服务器的开销。

（1）JavaScript 语法

①JavaScript 语句。每条 JavaScript 语句都必须用分号";"结尾，也就是说，分号是 JavaScript 语言作为一个语句结束的标识。复合语句是由一条或多条语句构成的，通常使用大括号"{}"括起来。

②注释。JavaScript 也提供注释，具体有两种。一种为单行注释，用双反斜框"//"表示，该标记后面的内容为注释。另一种为多行注释，是用"/＊"和"＊/"括起来的一行到多行文字。

③数据类型。JavaScript 有六种数据类型，包括：数值型（number）、字符串型（string）、对象（object）、布尔类型（Boolean）、空类型（null）和未定义型（undefined）。

（2）常量与变量

①常量。JavaScfipt 常量是具有一定含义的名称，用于代替数字或字符串，其值是固定不变的。常量的值不能改变。在 JavaScfipt 中常用的常量有布尔常量，如：True、False；整数常量，如：753、067、0xaff；浮点数常量，如：0.25、7.86、2.45E＋4；字符串常量，如："Chinese"（包括转义字符常量）。

②变量。在程序中，不同类型的数据可以是变量也可是常量，变量的值在程序执行期间是变化的。一个好的程序员会对变量采取先声明再使用的方法，声明了一个变量后就可以在其中保存各种数据了。并且，对变量声明有助于及时发现程序中的错误。JavaScript 中变量的定义用关键字 var 来实现格式为：

var 变量名称；

或：var 变量名称 1，变量名称 2，……，变量名称 N；

变量命名必须遵循 JavaScript 的标准命名规则：区分大小写；变量名只能由字母、数字和下划线组成；第一个字符必须是一个字母或一个下划线；变量名不能是系统的保留字（或关键字，如 vat、for、null 等）；长度不要超过 255 个字符；名字在被声明的作用域内必须唯一。

声明的变量可以是全局的或局部的。全局变量的作用范围贯穿页面的始终；局部变量的作用范围被限制在定义它的函数内。

（3）运算符与表达式

不同的运算符代表着不同的运算功能，程序在运行过程中会按照给定的运算符进行操作。运算符主要包括：赋值运算符、算术运算符、位运算符、逻辑运算符、比较运算符、关系运算符、连接字符串以及其他运算符。

JavaScript 的表达式根据表达式值的类型不同，可以分为算术表达式、字符串表达式、逻辑表达式。在一个表达式中经常会多种不同的运算符，这就涉及运算符的优先级问题。这与在 VBScript 中相同,不再赘述。

(4)数组

同其他计算机语言一样,JavaScript 也使用数组 Array 来保存具有相同类型的数据。如:一个部门需要用数组来保存每个员工的薪资情况。

数组在使用前,需用关键字 new 新建一个数组对象,具体格式为:

var 变量名(或数组名)=new Array();

如:

var myarray=new Array();//新建一个长度为零的数组

var myarray=new Array(3);//新建一个长度为 3 的数组

var country=new Array("China","Jpan","England");

实际上,JavaScript 的数组就是一种 JavaScript 对象,也具有相应的属性和方法。数组对象的一个主要属性是 length,用来获取数组的长度,即数组中元素的个数。Array 对象的方法主要有:

①reverse():用于将整个数组中的元素倒序,即第一个元素与最后一个元素互换,第二个和倒数第二个互换,依次类推。

②concat(数组 1,数组 2,…,数组 n):用于将 n 个数组合并到一个数组中。

③toStfing():用于将数组元素连接成字符串,并用逗号隔开。

④join([分隔符]):用于将数组元素连接成字符串,并用分隔符分开,省略分隔符则默认为逗号。如:var word=new Array("hello","world");

⑤slice(起始位置,结束位置):从起始位置到结束位置截取数组,注意是截取到结束位置的前一位,且截取后的元素之间用逗号隔开。数组下标是从 0 开始。

若结束位置大于数组元素的个数,则截取到最后一个元素。

(5)流程控制语句

最简单的程序是由若干条语句(或命令)构成,各语句是按照位置的先后次序,逐条按顺序执行的,且每条语句都会被执行到,这种程序称为顺序结构。而流程控制语句能够改变程序执行的流程。JavaScript 语言的程序流程控制语句同样提包括选择(条件)语句和循环语句两种。

①选择语句。JavaScript 中的选择语句(也称条件语句)可分为两种:If 语句和 Switch(开关)语句。

JavaScript 中的 If 语句同样有三种主要形式,这与在 VBScript 中基本相同,不再赘述。

JavaScript 还提供了一种用于多路选择的 Switch 语句,可以直接处理多分支选择。并从多个语句块中选择执行其中的一个。其代码更加简洁,可读性更强。这种语句是用一个变量同多个常量进行比较,找到相匹配的条件。具体执行过程如下:进入 Switch 结构后,计算表达式的值,然后将此值与 case 常量表达式依次进行比较,若两值相同,就执行该 case 后面的语句(组),都则就执行 Default 后面的语句。Default 可以省略,跳出 Switch 结构可使用 break 语句。注意:要想正常退出这个 Switch 结构,必须在每个 case 对应的语句组后用一个 break 语句,否则程序会继续执行下面 case 对应的语句组,直到遇到一个 break 语句为止。

②循环语句。程序设计中,经常遇到这样的情况:若给定的条件成立时,需要重复执行一些操作。这时候可以使用循环语句来控制流程。JavaScript 中经常会用到下列循环语句:

While 语句:用来实现"当型"循环结构。即先判断循环条件,当条件表达式的值为真时,就执行循环体内的语句组;表达式的值不成立(为假时),就终止循环,执行 While 的后继语句。

Do-While 语句:用来实现"直到型"循环。即先执行循环体语句组,然后再判断循环条件,当条件成立(即表达式值为真时),接着执行循环体的内容,如此反复,直到表达式的值为假为止。注意:当循环体语句组仅由一条语句构成时,可以不使用复合语句形式,即不加大括号。

For 语句:For 语句最为灵活,循环次数已经确定或者循环次数虽不确定、但给出了循环继续条件的情况都可以使用这种语句。

For-In 语句:在对象上的一种应用,用于循环访问一个对象的所有属性。

With 语句:用来声明代码块中的缺省对象,为一个或一组语句指定默认对象。代码块可以直接使用 With 语句声明的对象的属性和方法,而不必写出其完整的引用。

(6)JavaScript 函数

解决复杂问题时(较大的程序)一般分为若干个程序模块,每一个模块用来实现一个特定的功能。在 Javascript 语言中,模块是用函数来表示。有时候也将常用的功能模块编写成函数,然后在程序中反复调用这些函数,以减少重复写程序的工作量。同 VBScript 脚本语言不同的是,JavaScript 不区分函数和过程,它只有函数。使用函数前,要先定义才能调用。

使用 Function 定义函数的语句,函数名区分大小写。

参数是向函数内部传递数据的桥梁。函数可以无参数,也可有参数,多个参数间用逗号隔开。从参数这个角度来定义函数的话,函数分别有有参函数和无参函数。JavaScript 中,可以在函数定义时确定参数,称为形式参数(简称形参),而真正的参数值(称为实际参数,简称实参)是在该函数被调用时,由主调方传递给所定义的函数,从而实现调用函数向被调用函数的数据传送。

JavaScript 的函数可以有返回值,也可能没有。从函数有没有返回值的角度来看,函数亦可分为:有返回值的函数和无返回值的函数。函数若有返回值,则使用关键字 return 将值返回给调用函数的语句,这个值可以是常量、变量或表达式。

5.3 网络数据库应用系统开发设计

5.3.1 数据库设计

网络数据库应用系统开发设计中极其重要的一步即为数据库的设计。在当今的信息时代,数据库技术是实现信息存储、查询和处理的重要手段。将有用的信息转换为数据并存储在数据库中,是实现最佳的数据管理的有效方法。因此,可以说,数据库设计是解决信息抽象描述、构造数据模型、实现数据存储的一项重要技术。

作为信息系统的核心和基础,数据库将信息系统中大量的数据按一定的模型组织起来,从而使得数据的存储、维护和检索更加容易实现,为信息系统方便、及时、准确地从数据库中获得所需要的信息提供了极大的支持。

1. 数据库设计和数据库设计人员

数据库设计是信息系统开发和建设的重要组成部分,其设计的优劣将直接影响信息系统的质量和运行效果。可见,设计一个结构优化的数据库对于实现数据库的有效管理将提供良好的前提,还可以为正确信息的产生提供保障。

由于现实世界信息结构复杂、应用环境千变万化,在相当一段时期内数据库设计主要是手工与经验相结合的方法,这就使得数据库设计的效果直接受到设计人员的经验和水平的影响。一个高素质的数据库设计人员应具备以下知识和技术:

①数据库基本知识。

②数据库设计技术。

③计算机基础知识和程序设计方法。

④软件工程原理和方法。

⑤相关应用领域的知识。

2.数据库设计的特点

(1)数据库设计是硬件、软件和干件的结合

在数据库领域内,使用数据库的各种系统被统称为数据库应用系统。数据库应用系统是硬件、软件和干件的结合。"三分技术,七分管理,十二分基础数据"是数据库建设的基本规律。技术与管理的界面称之为"干件"。

(2)数据库设计与应用系统设计相结合

数据库设计的重点在于设计数据库的框架或数据库结构,应用系统设计的重点在于设计应用程序和事务处理。其中前者为结构设计,后者为行为设计。

早期的数据库设计和应用系统设计是分离的。如图 5-12 所示。数据库设计致力于数据模型和建模方法的研究,着重结构特性的设计,忽视了对行为的设计。

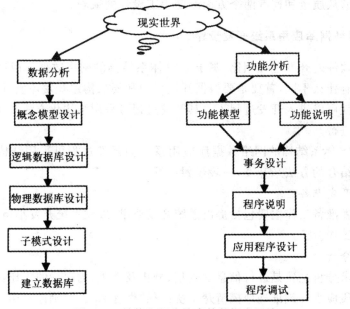

图 5-12　结构和行为分离的数据库设计

如今,把结构特性和行为特性相结合进行数据库设计已经成为一种流行趋势,它是面向对象的设计方法,把数据结构和操作封装在一起,形成一个有机的整体。

3.数据库设计方法

数据库应用系统设计需要科学的理论和工程原则作为支持,只有这样才能很好地保证设计质量,有效避免在后期的数据库维护中付出较大的代价。

经过多年的探索、研究，数据库技术人员运用软件工程思想，提出了各种规范的数据库设计方法，其基本思想是过程迭代和逐步求精，本质是手工设计，主要有以下几种：

①新奥尔良方法。它是规范式设计方法中比较著名的一种方法，将数据库设计分为四个阶段：需求分析、概念模型设计、逻辑数据库设计、物理数据库设计。

②实体-联系（E-R）模型方法。

③基于第三范式的设计方法。

④基于语义对象模型方法。

另外还有计算机辅助应用系统设计，它是在数据库设计的某些过程中模拟某一规范设计方法，主要是以人的知识或经验为主导，通过人机交互方式实现设计中的某些部分。该方法在今年得到了快速发展，并发展出一些商品化的辅助工具。这些工具能够从质量和速度两个方面改变手工设计的缺陷。

5.3.2　网络数据库应用系统开发步骤

与普通软件的开发过程相比，基于 C/S 体系结构的网络数据库应用系统的开发过程并没有什么不同，首要是要根据开发目的和要求构建开发环境，待软硬件环境满足之后就可以进入开发过程了。其开发过程可采用结构化方法及面向对象相结合的方法进行。

基于 C/S 体系结构的网络数据库应用系统的开发过程可采用结构化方法及面向对象相结合的方法来开发，一般步骤如下。

1. 系统开发准备

系统开发准备工作主要包括提出系统开发要求、成立系统开发小组、制定系统开发计划等工作。

2. 需求分析

系统需求分析主要是进行信息的收集、分析及整理，为以后的工作提供充足的信息。该阶段应当详细准确地搞清楚系统必须"做什么"。准确地对用户需求进行分析、了解是整个开发过程的基础，是下一步设计的前提。

系统需求分析是最困难，也是最耗费时间的一步，可将它大致划分为 5 个工作阶段：问题分析、问题评估和方案综合、建模（采用结构化方法或面向对象的方法）、规约（描述系统的功能和性能以及将支配其开发的约束）和复审。

此外，需求分析工作要进行得深入、细致、全面，这有利于为下一阶段新系统模型的建立提供良好的基础。

3.概要设计

通过概要设计,抽取出现实业务系统的元素及其应用语义关联,最终形成一个能反映组织信息需求的概念模型图,一般来说,在关系数据库中多为 E-R 模型。概要设计中概念模型的设计科采用自顶向下、自底向上或混合策略。新系统的逻辑模型由系统数据流程图、概况表、数据字典、逻辑表达式及有关说明组成。用户可以对新系统的逻辑模型提出意见,双方经过讨论、修改,最后达成共识,并完成概要设计报告。

概要设计是系统开发的重要环节,对整个数据库的设计将会产生极为深刻的影响。可将其划分为 4 个阶段:主要包括对象设计(数据设计)、子系统设计(软件结构设计)、消息设计(接口设计)和方法设计(过程设计)。

可以说,概要设计确定了软件系统的总体结构。

4.详细设计

通过详细设计可以给出目标系统的精确描述,以便在编码阶段直接翻译成计算机上能够运行的程序代码。它是对概要设计结果的进一步细化,需要考虑到概要设计中系统逻辑模型所存在的各种约束,并利用一切可用的技术手段和方法进行各种具体设计,确定新系统的实施方案,解决"系统怎么做"的问题。

详细设计主要任务包括:算法过程的设计、数据结构的设计、数据库物理设计、信息编码设计、测试用例设计、其他设计和编写详细设计说明书等。

5.系统实施

在系统实施阶段要成立系统实施小组,组织各专业小组组长和有关部门的领导共同编制新系统实施计划。可以应用各种项目管理的软件和方法进行管理,实行项目经理负责制,保证系统实施工作的顺利进行和成功。

系统实施阶段的主要工作包括:系统硬件的购置与安装、程序的编写与调试、系统操作人员的培训、系统有关数据的准备和录入、系统调试和转换。

其中,硬件的购置和安装需要由专业技术人员完成,包括计算机硬件、外设、网络(构建 C/S 结构的网络)、电源、机房、环境等有关设备的购买、验收、安装与调试工作等;数据准备与录入工作主要是为系统的顺利转换奠定基础,任务是由手工操作转入计算机处理所需的各种数据的整理、录入及计算机系统中为新系统所用数据的转换工作。在整理、录入、校验等各个环节一定要严格把关,保证数据的准确性。

6.系统维护与评价

基于 C/S 结构的网络数据库应用系统是一个复杂的人机系统,经过试运行之后就可以投入正式运行了。由于系统外部环境与内部因素的变化将会不断影响系统的运行,因此,在数据库系统运行过程中为了保证其运行的效率与服务水平必须不断地对其进行维护、修改与评价。

系统评价主要是指系统建成后,经一段时间的运行后,要对系统目标与功能的实现情况进行检查,并与系统开发中设立的系统预期目标进行对比,及时写出系统评价报告。

在上面的开发步骤中,用户对象、函数、结构、窗口、菜单、数据窗口等对象的创建步骤,可以按照用户的开发习惯进行选择。

基于 B/S 体系结构的网络数据库应用系统开发步骤与 C/S 体系结构的网络数据库应用系统开发步骤基本相似,不同之处在于网络结构及具体开发工具的使用,具体表现在如下方面:

(1)配置数据库的应用程序访问

①对于 C/S 体系结构的数据库应用系统而言,接口在数据库应用系统中,应用程序是通过应用程序访问接口同数据库连接的。为此,各流行的数据库管理系统都提供了对若干种应用程序访问接口的支持,如 ODBC、OLE DB、ADO 等。

在准备好数据源以后,要在客户端配置选用的应用程序访问接口。

②对于 B/S 体系结构的数据库应用系统而言,同样需要配置数据库的应用程序访问接口,但这里的 Web 服务器,是数据库服务器的用户,因此要在 Web 服务器的计算机上配置数据库的应用程序访问接口。

(2)设计系统的应用程序

开发网络数据库应用系统,设计系统的应用程序拥有巨大的工作量。

①C/S 体系结构的数据库应用系统。设计应用程序,就是选择一种合适的开发语言或开发工具(如 Delphi、Visual Basic 等),根据需求分析和总体方案的要求,设计应用程序代码。

②设计 B/S 体系结构网络数据库应用系统的应用程序,与 C/S 结构有两点不同,一是应用程序驻留在 Web 服务器上,二是只能选用 ASP、ASP. NET 等作为开发工具。

(3)构建 Web 服务器

前面已经提到,B/S 体系结构的数据库应用系统要在 Web 服务器的计算机上配置数据库的应用程序访问接口,因此,开发 B/S 体系结构的数据库应用系统,要在设计应用程序之前,构建 Web 服务器。

构建 Web 服务器,是在承担 Web 服务器任务的计算机上,安装、配置 Web 服务器软件。现在使用的 Web 服务器软件，主要是 Windows NT Server 或者 Windows 2000 的 IIS(Internet Information Server,Internet 信息服务器)，也可以使用 Windows 9x 的 PWS(Personal Web Server,个人 Web 服务器)。

关于 Web 服务器的配置，本书已经在第 3 章对这部分内容进行过分析讨论。

第6章 网络数据库应用实例研究

本章主要是列举网络数据库应用方面的一些实例,限于篇幅所限,这里只是对网络数据库应用系统的开发实例的实现方法与途径进行简单分析,不进行深入的研究。

6.1 工程技术项目招标信息管理系统

工程项目招标信息管理系统是网络数据库技术在实现信息管理方面的应用实例。如今,这套系统已经应用于相关的企业部门,实现了项目招标、人力资源、物资设备等各项业务管理的计算机化和无纸化办公。

工程项目招标管理是企业办公自动化系统的一部分。通常招标工作是以项目为依据,由所属市场部收集各个国家、所在国公司及竞争对手的信息。在收到邀标函后,由投标委制定标书制作责任书,并由市场部、技术部、项目部及经营部依据标书制作责任书来制作标书。投标后,则通报投标结果,并对中落标原因进行分析。项目中标后,其运作阶段涉及项目问题记录、相关报表、人员、设备及物资等方面的要求及处理。项目结束后,要对项目进行总结通报。

下面具体阐述一个大型企业采用网络数据库技术构建企业管理信息系统软件的解决方案、设计思路和实现技术。

1. 功能分析

现以陆上部项目运作资料为例来说明。通常项目部运作主要由 6 部分的功能组成:市场开发、投标办、技术支持、解释处理、HSE 部和其他资料。前 4 个部分是对施工前期的市场开发阶段的各种事务进行管理。各部分包含内容如下:

①市场开发包括踏勘报告、市场部标书、竞争对手等。

②投标办包括邀标函、投标项目记录、标书制作责任书、投标通报表、踏勘责任表、投标项目摘要、标书及动态支持等。

③技术部包括解释工作、技术支持。

④HSE 部包括总部动态、报表、动态支持等资料。

⑤其他资料包括项目启动通知书、报表、项目部标书、问题和要求、电话和传

真、会议纪要及项目动态等内容。

陆上部项目运作根据不同的人员可以享有不同的功能服务。例如,非陆上部人员可以对相关信息进行查询,而无权修改;陆上部人员可以对相关信息进行增加、修改及删除。海上部项目作业相关的资料及人员信息的处理与此类似。

项目管理部门是国际部的关键部门,侧重于项目流程的完整性、顺序性和关联性,根据权限,本部门的人员可以使用相关的业务功能。其他部门或领导需要浏览项目部门产生的各种文档或表格。

整个项目管理过程基本上是由相对独立而又互有关联的流程性业务组成,需要进行业务环节控制。通常,每一个业务功能基本上是相对独立的,不能够再分离,它针对一个主要数据实体,并由一个业务岗位来操作,也即要区分实体的操作权限和浏览权限。

通常情况下,对于各有关各部门都应当进行更详细的设计,例如,详细功能的设计、权限分配的设计等。这里不加以阐述。

2. 系统实现

为了保证安全性,企业往往会建有企业网并设置防火墙。按照系统要求以项目管理流程为主线,并兼顾各部门功能和权限分配的设计原则来实现。在 B/S 应用模式下,系统的主流部分(即项目管理)采用 JSP 开发,其设计结构模式如图 6-1 所示。

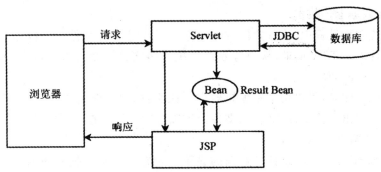

图 6-1　设计结构模式

从图 6-1 中不难看出,为了提供美观、实用的用户界面,便于开发人员操作,这里的 JSP 提供给前台开发人员采用;此外,Servlet、JavaBean 是供后台开发人员使用的。

软件开发中采用包含了业务逻辑的可重用组件,可用于对各种业务逻辑的处理。从而有利于在兼顾业务逻辑的独立性与组合性的同时,帮助开发人员开发出具有良好健壮性的程序。

数据库部分可以采用 Oracle 8i 关系数据库,对其按照如下途径进行调用:浏览器→JSP 脚本文件→调用→Servlet/JavaBean→访问数据库→处理返回。

在首页界面上,首先是口令登录,如果登录成功则可进入系统的各个操作界面。用户登录后,可以通过菜单进入到每一部门。例如,如果是开发部门本部门成员可以进行添加、修改等操作;而非开发部门成员则只能对信息进行查询操作,而无其他权限。对于系统的相关操作这里不再赘述。

因篇幅有限,采用网络数据库技术实现工程项目招标管理的软件的细节这里不进行细致分析。

3.关键技术

(1)功能组件化

在系统实现过程中,增加、删除、修改及查询等功能使用频率很高,因此可以将它们构成一个通用组件。通过这样的操作,实现功能组件化,使得开发过程中的工作量大大减轻,一方面系统的扩充与维护更加方便,另一方面用户的多种需求可以从中得到满足。

在具体实现过程中,将增加、修改、查询、删除数据库的记录作成 JavaBean,然后使用 Java 源文件将 JavaBean 编译成 class,以方便其日后在 JSP 页面中被调用。

(2)大数据上传技术

在系统实现过程中,经常要向数据库中传送一些大的文件。所以很有必要了解上传文件的 HTTP 请求,从而有效地解决上传文件以及把 HTTP 请求的原始数据写入文件的问题。

在具体操作时,可以用文本编辑器查看该文件,以了解请求的格式,在此基础上才可以提取出上传文件的名字、文件内容以及原本混合在一起的其他信息。

(3)任意数据显示技术

使用 Servlet 可以实现任意数据的显示。它首先要从数据库中取出文件的扩展名信息,然后对文件的类型进行设置,设置完成以后就可以在浏览器中打开任意类型的文件了。

(4)数据库连接池技术

通常,用传统模式开发网络数据库应用程序时,是按照以下步骤:首先在主程序(如 Servlet、Beans)中建立数据库连接,然后进行 SQL 操作以取出数据,最后断开数据库连接。很显然,这种开发模式存在很多问题。一方面,由于运行中操作的请求次数非常多,大大增加了系统的开销;另一方面,要管理到每一个连接,以确保建立连接之后能被正确关闭,不关闭连接会导致数据库系统中的内存泄露。

后来为解决上述问题,出现了采用一个全局的 Connection 对象的做法。该对象创建后不关闭,以后程序一直使用它,避免了每次创建、关闭时连接问题的出现。但它又带来了新的问题,即同一个连接使用次数过多,将会导致连接的不稳定,进而会导致 Web 服务器的频频重启。

连接池技术的出现能够很好地解决上述问题。连接池最基本的思想就是预先建立一些连接,将其放置于内存对象中以备使用,如图 6-2 所示。

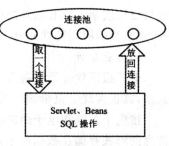

图 6-2　连接池原理图

当程序中需要建立数据库连接时,只需从内存中取一个来用而不必新建。同样,使用完毕后,放回内存即可。而连接的建立、断开都由连接池自身来管理。同时,我们还可以通过设置连接池的参数来控制连接池中的连接数、每个连接的最大使用次数等。通过使用连接池,将大大提高程序效率,同时,我们可以通过其自身的管理机制来监视数据库连接的数量及使用情况。程序中连接池(ConnectionPool)的基本属性为:

①ConnectionPoolSize:连接池中连接数量的下限。

②ConnectionPoolMax:连接池中连接数量的上限。

③ConnectionUseCount:一个连接的最大使用次数。

④ConnectionTimeout:一个连接的最长空闲时间。

⑤MaxConnections=−1:同一时间的最大连接数。

⑥timer:定时器。

6.2　电子版报纸软件系统

传统报纸和杂志的编撰、出版与发行是通过报社或杂志社依靠人工方式组织和实施的。这种传统方式具有出版周期长、浪费纸质资源、无法立即披露最新消息等缺点。当今社会是一个高度信息化的社会,基于计算机网络和网络数据库技术的电子报纸和电子杂志能很好地改变上述状况,将成为传递信息的重要工具。

电子版报纸软件系统是网络数据库开发技术应用的又一个成功案例。该系统研制成功以来,已经在一些大中型企业、机关、学校及部门的报社或杂志社投入使用。它的好处体现在：其一，使读者能快捷地从高速信息网上方便、快捷地获取企业最新的信息和重要资料，改变了过去长时间不能获取企业信息的局面，受到了好评。其二，简化了报社的业务工序与流程，提高了报社的工作效率。其三，促进了报社与读者间的交流，有利于反馈信息的收集，从而提高报纸质量。

目前，国内许多大型企业和部门的内部报纸，都表现出信息量大、内涵丰富、表现形式多样（包括文字、图片、视频信息，甚至声音信息）、读者众多等现状，而且要求与报社或杂志社有频繁的信息交互（用户投稿、读者发表评论及网上新闻调查）等，该系统的应用特性充分发挥了网络数据库的特点和优势。

1. 功能分析

电子报纸软件系统对改变报社或杂志社的传统工作方式与流程是一次变革与创新，真正实现了报纸、杂志管理的自动化与办公自动化。

按电子报纸和电子杂志的应用需求，报社和杂志社应将其所有资料以计算机信息的形式存储在数据库中，从而实现不同时期的信息的长期保存，便于读者随时查询和存取。通过该系统，读者可以实现多种功能，例如，通过电子报纸和电子杂志网页查询界面，阅读其版面上的内容，从网上获取最新的信息与重要资料；能够及时参与到报社和杂志社通过网页上提供的投稿、聊天、新闻调研、读者天地等界面参与电子报纸和电子杂志组织的各种活动中，二者能够很好地交流，及时反馈信息。电子报纸和电子杂志的编辑们则通过网页上的相关管理界面完成电子稿件的收稿、编辑、审定、排版和发送，以及传统纸介质报纸杂志的编撰与出版工作等，使出版工作完全自动化。

2. 系统实现

系统的程序结构如图 6-3 所示。从图 6-3 中分析可得：系统前台采用 ASP 技术，在页面内集成了 HTML 代码、CSS 风格页、VBScript 及 JavaScript 等网页元素，以及与数据库进行连接的 ADO 和文件上下载等组件，共同完成所需功能。同时在网络管理方面，还采用了 ASP 结合 XML 存取 SQL Server 的数据库技术。

电子版报纸软件系统由前台浏览和后台管理两大功能模块组成，它们分别面向分布在全国、世界各地企业网上的全部职工，该企业报社各栏目的编辑和总编。

前台浏览功能如下：将报社每期的报纸内容以网页的形式发布在网上，呈现给读者的是一个个的网页，而非传统形式上的一张张的报纸。读者通过阅览网页内容，用鼠标单击链接或按钮即可阅览所有内容，也可参加 BBS 的讨论，发表对某篇文章的评论，查看他人评论或提交网上调查的结果等。

后台管理功能如下：界面也是以网页的形式处理报社的日常工作，包括用户投

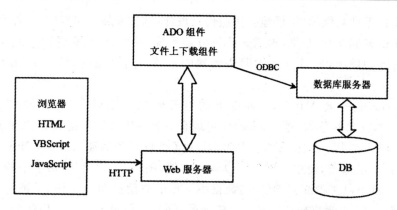

图 6-3　电子报纸系统的程序结构

稿、编稿、审稿、定稿、增加栏目、进行网上调查等。它面向的主要是企业报社各栏目的编辑和总编,每位编辑都有一个唯一的登录 ID 和密码,登录后台管理页面后便可进行自己责任范围内的工作。例如,依据报社日常工作流程,对用户所投稿件进行分、编、审、定等一系列工作。操作起来极其简便。

除此之外,用户还可以通过网络进行投稿。具体做法为:用户申请一个唯一标志身份的 ID,通过单击主页上的"用户投稿"按钮进行投稿。用户所投的稿件都会被存入数据库中,编辑则可以直接接从数据库中调出相应的文章及图片,然后对其进行后期的修改、编辑。这样的过程与之前相比更加简单、方便。

3.关键技术

(1)网络数据库连接技术

传统网络数据库连接与应用主要采取两种方法:一是在 Web 服务器端提供中间件来连接 Web 服务器和数据库服务器,然后把应用程序下载到客户端并在客户端直接访问数据库;二是在客户端直接访问数据库,主要是基于 JDBC。上述两种方式都存在一定缺陷。鉴于此,该系统采用 ASP 及其组件技术。

ASP 是 Microsoft 公司的新一代动态网页开发方案,它代表网络数据库解决方案的新趋势。关于 ASP 技术前面第 2 章内容已经提及,这里不再赘述。从其所具有的特点来看,它对于 Web 的开发人员以及维护人员而言都可以说是一种十分出色的开发方案。

(2)ActiveX ADO 组件技术

所谓组件是独立于特定程序设计语言和应用系统的、可重用的和自包含的软件成分。组件具有如下几个方面的特性:第一,它是基于面向对象的、支持拖放(Drag and Drop)和即插即用(Plug and Play)的软件开发概念;第二,它是组合(原样重用现存组件)、继承(扩展地重用组件)、设计(制作领域专用组件)组件为基础，按照一定的集成规则，分期、递增式开发应用系统；第三，使用它进行开发，不但可以提高开发的效率，而且开发的网络数据库系统具有开放性、易升级、易维护等优点。

ActiveX 是一套 Windows 环境下的组件模型开发标准，是 COM/DCOM/OLE/ OCX 技术的总称，是 Microsoft 将现有对象的连接嵌入技术 OLE 和组件对象模型 COM 在 Web 上的发展。COM 定义了低层对象的通信机制，OLE 则利用 COM 提供上层服务，使用户可以创建复合文档，而 ActiveX 则提供了一种使组件嵌入 Web 页中以扩展交互功能、与数据库连接的应用机制。ActiveX 组件存在于 Web 服务器上，包含执行某项或一组任务的代码，组件可以执行公用任务。因此，用户即使没有复杂的编程知识也能够编写出功能强大的 Web 服务器端脚本。

ActiveX 可分为 ActiveX 控件、ActiveX 文档和代码等，可以用传统 OLE/COM 语言编写。它定义了一种框架结构，利用脚本语言编写结构控制，如 VB-Script 或 Java Script，在其中可以嵌入 ActiveX 控件。ActiveX 控件的建立可以不依赖于其他任何空间，或者建立于另一个控件之上，还可以容纳多个已有控件。

组件技术的优势在于：通过在服务器端创建该组件的对象，利用其中的方法，如 Request、SaveFile、Upload 等，即可实现文件的上传与下载；同样，对于其他应用，只要开发出具有统一接口的组件，不管是采用何种语言编写的，都可以平滑地与 ASP 页面集成，完成特定的企业应用逻辑。

6.3　分销电子商务系统

随着计算机网络、通信技术的发展，网络数据技术日趋成熟，这使得信息经济社会中电子商务这一新型的商业运作方式的发展日新月异。电子商务系统的建立势必会为企业的发展创造更大的经济效益。电子商务系统包括商业机构之间的电子商务 B2B、B2B 电子商务的集成、商业结构对消费者的电子商务 B2C 以及消费者对行政机构的电子商务 C2A。下面以分销业务为例，对该电子商务系统的设计进行介绍。

1.功能分析

某公司的分销电子商务系统的系统结构如图 6-4 所示。

可以看出，它包括以下几个子系统，它们分别承担不同的责任：

①分销管理子系统：负责营销管理、销售管理、售后服务、采购管理等。

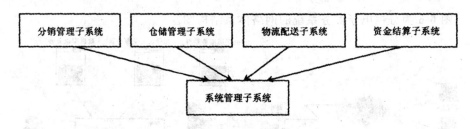

图 6-4　分销电子商务系统

②仓储管理子系统:负责出库管理、入库管理、库存盘点、库存分析等。

③物流配送子系统:负责运力调度、路线优化、配货管理、成本管理、调拨管理等。

④资金结算管理子系统:负责开发票、应收账款、应付账款等。

⑤系统管理子系统:负责系统安全、系统监控、系统维护、邮件服务、目录服务等。

2.体系结构模型

电子商务系统是基于服务器的多层分布式应用系统的,支持各种系统的互操作。另外,分布式应用系统要求集成现存的基础设施,包括数据库管理系统、企业信息系统和以前的应用系统及数据。图 6-5 给出的是电子商务应用系统的体系结构模型。

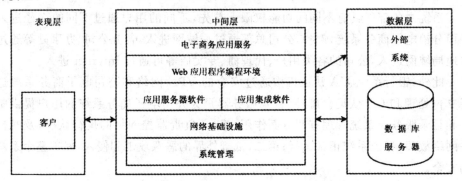

图 6-5　电子商务应用系统体系结构模型

从图 6-5 中不难看出,其基本框架仍采用 3 层结构(表现层、中间层和数据层),为开发电子商务应用系统提供了一组完整的服务,其中包括客户、系统管理、网络基础设施、应用服务器软件、应用集成软件、Web 应用编程环境、电子商务应用服务、数据库服务器、外部系统。此外,还应提供开发工具支持电子商务应用系统的创建、组装、部署和管理。

图 6-6 为分销电子商务系统的网络体系结构图。

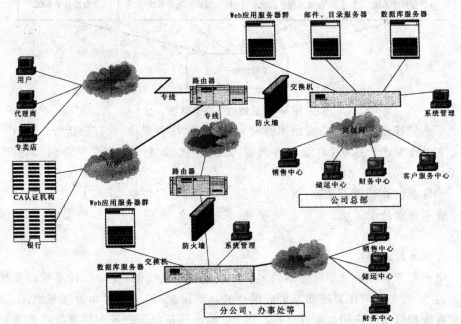

图 6-6　分销电子商务系统的网络规划图

系统中各部门具有不同的功能权限。首先,不同的用户通过不同的途径进入公司分销电子商务系统,例如,公司总部通过局域网进入,各分公司、办事处等通过本地局域网进入,公司的各类用户、代理商、专卖店等可通过 Internet 进入。

此外,银行系统、CA 认证机构通过安全的 VPN 网络和公司电子商务系统进行支付处理和 CA 认证。邮件、目录服务器是为公司电子商务系统的用户提供邮件和目录服务。系统管理有两方面作用,第一,负责监控网络的运行状况,及时排除网络故障,保证系统正常运行;第二,抵御外界的恶意攻击和侵入,保护整个系统的安全。

3. 软件体系结构

分销电子商务系统的软件体系结构是建立在 J2EE 标准体系结构之上的 3 层体系结构,包括表现层(客户层)、中间层(应用逻辑层)和数据层。J2EE 本质上是一个分布式应用程序设计环境,它是支持开发分布式事务应用程序的标准化模式,其软件体系结构如图 6-7 所示。

系统软件体系结构

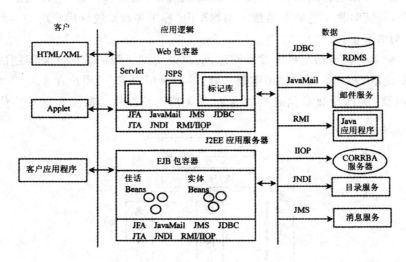

图 6-7　系统软件体系结构

该分销电子商务系统具有如下性质：第一，采用 JSP、Servlet、EJB 及 JavaBean 等组件模式开发，具有标准性、可扩展性、开放性及柔性的体系结构；第二，可移植，可以运行在多种操作系统平台（如 Windows、UNIX、Linux）之上，而不必付出其他的成本，从而简化了系统开发的复杂性；第三，易于维护；第四，提供了大量的标准化服务，系统的开发难度大大降低，从而开发效率大幅提升；第五，在开发新系统或进行系统升级时，也会使原有系统投资得到最大的利用。

4. 关键技术

①采用 IIS5＋COM/ActiveX＋ASP 建立动态、交互、高效的 Web 服务器应用程序及网络数据库动态页面生成技术。

②采用 TOMCAT＋EJB＋JSP 建立动态网页技术标准和 COM 组件技术及网络数据库动态页面生成技术。

③采用 Oracle 8i 数据库管理系统，并利用 0040 技术实现与微软的 COM/ActiveX 和 SUN 推出的基于 Java 的 EJB 技术相结合。

6.4　其他系统

1. 网上购物系统

网上购物这一新型购物方式蕴含着巨大的商机。大家对在线购物系统并不陌生,通常用户登录购物网站后,系统便为用户提供一辆虚拟购物车,在其选购商品的过程中,可随时将中意的商品放入购物车内,程序将自动统计用户所购商品的价格,显示购物清单。

这里简单分析购物车系统设计原理,简单说明网页间的数据共享问题的解决方案。系统用 Session 对象模拟购物车,跟踪记录用户信息,用户在不同购物区内可随意浏览,所选择商品信息均可保存在虚拟购物车中。图 6-8 是系统使用流程图。

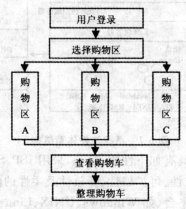

图 6-8　系统使用流程图

2.高校实验设备管理系统

实验设备管理是高等学校教学管理工作中的一个极为重要的内容,以往都是通过手工来处理的,具有劳动强度大、工作效率低、容易出现混乱等缺点。而实验设备管理系统可以实现设备信息的网上发布,从而有助于促进资源合理配置,降低管理人员的工作强度。

系统设计的目标是实现高校内部学院范围内的实验仪器设备管理,包括设备信息网络发布、设备信息查询、仪器借还网上登记、电子报表打印等功能,具体的功能模块设计如图 6-9 所示。

图 6-10 所示为用户权限示意图。

整个系统的用户共分为三种,分别为管理者、教师和学生。他们分别有不同的权限,其中管理者是系统的管理维护人员,其拥有的权限不但包括查询设备信息、添加借还记录、查询借还记录、打印报表等,还可以负责系统所有数据的维护与更新。而教师是系统的主要使用者,无法进行数据的维护与更新。为使教学资源能更大限度地服务于学生,系统为学生用户开放设备信息查询权限。

因本书篇幅有限,有关实现方法和编程,在此不做详细介绍。

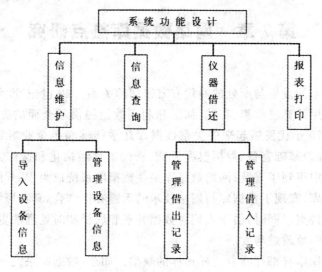

图 6-9　功能模块设计

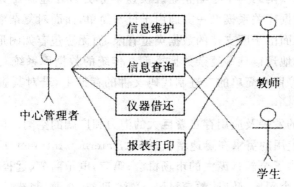

图 6-10　用户权限示意图

第 7 章　网络数据库热点研究

数据库技术的发展与所处的时代有着密切的关系。20 世纪 60 年代诞生的数据库技术为使用计算机收集、存储、加工和利用数据提供了全面的支持,具有重要意义;20 世纪 70 年代发展起来的关系数据库几乎能够满足企业对数据管理的所有需求,因为理论基础完备、数据模型简洁、查询语言结构化和操作方便等优势在全球信息系统中得到了普及;网络数据库是使数据库系统成为 Web 的重要有机组成部分的数据库,实现了数据库与网络技术的无缝有机结合,具有资源共享和分布式数据处理的特点。同时,由于人们对数据共享和联机实时处理的更高要求,数据库技术也在不断地改进与发展。

各个数据库本身都存在着这样那样的缺陷。如今,数据库系统日益普及,人们的要求不断提高,以网络为中心的企业级快速事务交易处理需要更高的应用方面的需求,而关系数据库关系模型一方面由于过于简单,而面对复杂的数据结构显得无能为力;另一方面由于所支持的数据类型有限,而无法包容如图形图像、声音、大文本、时间序列和地理信息等复杂数据类型。传统的数据库系统对于这类复杂数据的处理也只是停留在简单的二进制代码文件的存储上,若对其查询和检索则无法实现。

网络数据库的发展及应用存在着巨大的潜力和广阔的空间。因为,第一,近年来基于 Internet 应用的需求在迅速增长;第二,Internet/Intranet/Extranet 的应用为网络数据库提供了全新且庞大的市场机会;第三,电子商务、远程教育、数字图书馆、移动计算等各个领域,政府、教育科研、金融、证券、交通、制造、运输等诸多行业都需要新的网络数据库技术的支持。由此可见,网络数据库相关应用技术方面的研究必将成为一项研究的热点。

目前数据库已经不再仅仅局限于存储数据,而是向着更深层次、更多样化的方向发展,并在 OLAP、OLTP、数据仓库、数据挖掘、移动计算、嵌入式计算和 Web 应用等许多方面有着广泛的应用。

7.1　网络数据库进入基于网络应用的非结构化数据库时代

网络数据库技术融合了网络技术、存储技术和检索技术,并结合传统数据库技术的优点,在数据库模型、存储机制和检索技术等诸多方面实现了创新。它具有易用、实用的优点,是一项使用最为广泛、最有前途、最具魅力的信息传播技术。

数据库技术的应用是建立在数据库管理系统基础上的,而 Web 技术的不断发展使信息共享和数据交换的范围不断扩大,各数据库管理系统之间的异构性及其所依赖操作系统的异构性,严重限制了信息共享和数据交换范围。数据库技术表现出其局限性,具体表现在语义描述能力差,难于实现数据语义的持久性和传递性;数据交换和信息共享基于语义进行,在异构应用数据交换时难于实现计算机基于语义自动进行正确数据的检索与应用。数据库属于高端应用,价格昂贵,对运行环境具有安全方面的要求。可见,数据交换的能力成为网络技术发展下新应用系统的一个重要指标。

网络数据库采用了字表多维处理、变长存储以及面向对象等新的网络技术和数据库技术,使数据库应用转为全面基于 Internet 为基础的应用。一方面,由于采用了字表多维的处理方式,网络数据库能够支持包括结构化数据以及大量非结构化的多媒体数据等更多类型的数据,使组成用户业务的各种类型数据能够存储在同一个数据库中,从而使执行复杂处理的时间大大缩短;另一方面,由于实现了对 ActiveX、XML 等新的编程技术工具的采用,网络数据库能够支持和快速开发越来越复杂的事务处理系统应用程序,从一定程度上降低了系统开发和管理的难度。

非结构化数据的数量随着网络技术的发展,特别是 Internet 和 Intranet 技术的高速发展呈现出日渐增多的趋势,主要用于管理结构化数据的关系数据库显然难以适应这一变化。为了顺应时代潮流,数据库技术相应地进入了"后关系数据库时代",发展进入了基于网络应用的非结构化数据库时代。

非结构化数据库犹如新生的太阳,推动着网络数据库技术向更前进一步发展。

7.2　半结构化数据与 XML 数据库之崛起研究

7.2.1　半结构化数据及数据库

在信息社会中,一类信息能够用数据或统一的结构加以表示,如数字、符号等,我们称之为结构化数据;而另一类信息是完全没有结构的,如图像、声音、图片数据流,无法用数字或统一的结构表示,我们称之为非结构化数据。很多数据既不是完全没有结构,也不是完全有结构的,如 HTML 构成的 Web 页、电子邮件、Latex 文档、生物数据库(如 ACeDB)等,我们称之为半结构化数据(semi-structured-data)。

半结构化数据的结构是不固定、不规则、隐含的,并且是易变化的。它与传统的结构化数据(如关系数据库、对象数据库中的数据)相比,最大的特点为自描述性,也就是说它的内容与结构都包含在数据中。

半结构化数据在 Web 数据、数据集成、数据交换中都起着重要作用,近年来,从数据库角度研究半结构化数据的数据模型、数据模式、数据查询、查询优化、视图成为一个热点,人们在这方面的研究也取得了不错的成果。

7.2.2　XML 数据库的崛起

XML 文档代表了一个重要的并且在不断增长的半结构化数据源,它同半结构化数据在许多方面存在共性,如它具有自描述性,结构也是不固定的、易变的。XML 中的标记、元素、PCDATA 分别与半结构化数据中的标定(或称为属性)、对象、原子值(string、int、float、video 等)一一对应。因此,进行 XML 的研究可以从半结构化数据已有的理论,如数据模型和查询等方面寻找依据。

当然,XML 和半结构化数据二者并非完全相同的,它们之间也存在一定的区别,例如 XML 的元素可以含有属性、XML 文档的数据元素(element)具有顺序、元素之间通过 id 和 idref 属性进行引用、文档具有可选的 DTD(Document Type Defmition,文档类型描述)等。正是因为这些区别的存在使得 XML 文档成为一种独特的半结构数据类型,对于大量 XML 文档的高效组织管理、类型推导、分布式计算等问题为我们带来了新的研究课题。

由于 XML 具有可扩展性、更强的链接等优良特性,使它可以作为一种半结构化数据的通用的逻辑表示,程序可以很容易地把任何数据源的数据转换成为 XML 格式的数据。可以说,XML 称得上半结构化数据家族中的代表,对它进行研究意义重大。

实际上,XML 只是一个包含数据的文本文件,本身并不是数据库。不过,如果加上一些其他的辅助工具,就可以把整个 XML 看成是一个数据库系统,XML 文本本身、DTD 或者 Schemas、XQL、SAX 或 DOM 可以分别当做数据库中的数据区、数据库模式设计、数据库查询语言、数据库处理工具。除此之外,它还缺少有效的存储组织、索引结构、安全性、事务处理、数据完整性、触发器、多用户处理机制等数据库所必需的一些东西。

可以对 XML 数据库进行如下定义：XML 数据库就是从数据库的角度来研究以 XML 格式表达的 Web 数据。它包括 XML 数据的存储、查询语言、模式管理、查询处理等。

20 世纪 90 年代，德国 Software AG 公司推出业界第一个"纯 XML 数据库"产品——Tamino，这标志着数据库系统进入了一个新的发展时期。随后，IBM、Oracle、Microsoft 等一些大型的数据库系统厂商纷纷宣布要提供对 XML 的支持。

在信息时代，人们需要通过多种途径进行各种信息的获取和管理，而这一过程中，关系数据库面临的难题就是信息的非结构化。而 XML 数据库在管理非结构化数据方面恰有所擅长，再加之 XML 成为数据交换规范的工业标准，这更加加固了 XML 数据库在业界的位置。

XML 数据库具有怎样的特点呢？在此之前我们首先要承认关系数据库所存在的一些优势，例如，它技术成熟、应用广泛；数据管理能力强（包括存储、检索、修改等）；数据安全程度高；事务处理稳定可靠；并发访问机制完善等。概括而言，即关系数据库具有管理方便、存储容量小、检索速度快、修改效率高、安全性好等优点。关系数据库之所以有非常成熟的技术和市场就得益于它所存在的各种优点，这是它经过几十年发展的结果。由此看来，在今后一段时间，用户还会非常依赖关系数据库，这一点不容置疑。

XML 数据库在数据应用方面具有易表义、跨平台等优势，它与传统关系数据库相比，表现出以下特点：

第一，传统的关系数据库是以关系数据模型理论为基础的；XML 数据库的数据模型可以是树、图等层次数据模型，它的数据结构比关系数据库更具有表现力，能够对诸如网页等半结构化数据进行有效的存取和管理，而且在对层次化的数据进行操作方面也更加方便。

第二，传统数据库语言允许对数据元素的值进行操作但不能对元素名称进行操作；XML 数据库则提供了对标签名称的操作，以及对路径的操作。

第三，传统关系数据库的显示方式相对简单；XML 数据库的显示则多种多样，这是由 XSL（Extensible Stylesheet Language，可扩展样式表语言）所决定的。

第四，传统关系数据库只能采用 SQL 查询语言；XML 文档则包括 Xquery、Xpath、XQL、XML-QL、QUILT 等多种查询语言。

第五，传统关系数据库的模式主要由数据字典决定，XML 数据库的模式则主要由 DTD、XML Schema 确定。

第六,传统数据表中,表项之间的顺序是可以互换的;XML 是以文档为中心的,其内容是有顺序的,这使得查询操作尤其是连接和修改操作更加复杂。

尽管如此,客观而言,XML 数据库还是需要存储、检索、修改等方面的有效管理机制。XML 数据库存在以下几个方面的缺陷:

第一,XML 数据库的检索是基于节点的检索,一旦存放的 XML 文件数据量过大,就会严重影响检索的速度。同样的道理,XML 的修改也是基于节点的,在同样的情况下,修改效率会大打折扣。

第二,XML 数据库的解析手段存在某些方面的缺陷。在目前它有 SAX 和 DOM 这两种解析机制,其中 SAX 方式是基于文件的解析,速度太慢;DOM 方式是基于内存的方式,资源消耗极大。

第三,XML 的安全性及并发操作机制还存在一些不足,有待于重点解决、提高。

综上所述,XML 数据库在管理复杂数据结构方面表现出超强的能力,这使它逐渐得到大家的认可。另外,XML 数据库在异构信息系统的集成方面,比如 B2B、B2C 集成、电子信息的发布、电子销售等,以及在数字图书馆、音/视频媒体中心、电子邮件管理、企业信息和知识管理中心等以文档为中心的应用中也显示出强大的潜力。即使是对于遗留系统有较高要求的用户而言,也可以从支持 XML 的数据库中找到足够的支持。

需要明白的是 XML 数据库不会代替关系数据库,即便是随着时间的变迁,这种可能性也是很小的,但可以肯定的是,XML 数据库一定能够在某些领域发挥独特的优势,并占有一席之地。由于 XML 数据库可以解决关系数据库不能解决的问题,从长远来看,XML 数据库的发展前景还是无限美好的。

7.3 异构数据库系统集成及数据仓库、Web 数据发掘技术研究

数据库技术的功能可以说是极其强大的,尤其是随着计算机技术的发展,这一点体现的极其明显,它能够提供持续的数据可用性,将故障时间控制到最低,确保企业系统随时接受访问调用;能够用低成本实现系统的伸缩性,使得既保证各系统的独立性,又提高系统的使用效率;保证了在互联网架构下企业系统的安全性,为企业数据提供最高层次的安全保障;集成了商业智能功能,使数据库产品从提供一般的数据存储功能,发展到数据分析、使用的整体解决方案;数据库产品的自我管

理能力,使之可以自动地对自身进行监控、适应和调整。当今互联网环境下,我们急需解决的问题就是分布式海量信息建立合理高效的海量数据库的有效途径。

7.3.1 异构数据库系统集成

何谓异构数据库系统? 异构数据库系统是指将相互关联的数据库归纳在一起,创建一个单一的虚拟数据库。它是相关的多个数据库系统的集合,可以实现数据的共享和透明访问。每个数据库系统在加入异构数据库系统之前本身已经存在,并拥有自己的数据库管理系统。其异构性主要体现在三个方面:其一,计算机体系结构;其二,基础操作系统;其三,数据库管理系统自身。异构数据库系统以实现不同数据库之间的数据信息资源、硬件设备资源和人力资源的合并与共享作为目标。

当前,关系型数据库占据着市场的绝大份额,联合各个异构数据库实现网络环境下的海量信息共享是一条不错的途径,它使得数据库之间能够通过主动式的超文本链接,实现相互连接,并能够很容易地检索到交叉引用的数据。

目前,异构数据库系统的集成以及以此为基础建立的数据仓库(Data Warehouse,DW)、数据挖掘(Data Mining,DM),一直是网络数据库技术研究的重点及热点,并成为国内外数据库厂商的竞争焦点。

将传统的、可能分布于各地的多个关系数据库集成起来,进行改进和发展,可以形成虚拟异构数据库系统和数据仓库。在数据仓库的基础上,又可以进行数据挖掘、Web 挖掘,实现真正地信息检索查询,从而可以更好地服务于企业信息化、电子商务等领域。

7.3.2 网络数据库数据仓库研究

1. 数据仓库特征及功能分析研究

在过去,数据仓库和商务智能(BI)应用程序使用的是"过时"的或高延迟的数据,这些数据通常是每天、每周甚至是每月刷新一次。传统拥护者认为,统计决策不使用刷新频率过高(超过每天一次)的数据即可。随着网络商务智能深入整个企业,不再是将策略或制定的战术决策部署给少数的分析家或行政执行人员,这种情况下,可操作的商务智能开始要求低延迟的网络数据库。

目前,人们对于数据仓库的认识存在不同程度的区别,数据仓库的定义尚未取得完全统一。W. H. Inmon 是公认的数据仓库之父,他对数据仓库的定义是这样的:"数据仓库是支持管理决策过程的、面向主题的、集成的、随时间而变的、持久的数据集合。"

数据仓库具有以下几个方面的特征。

第一,它是面向主题的。为了能够使应用程序访问数据的效率更高一些,大多数应用系统只能按应用的观点组织数据。一般说来,按业务应用程序易于检索和更新来组织数据,分析员就可利用时兴的图形查询工具询问业务方面的问题,但实际上并非如此,这样做的目的是由于数据库在其最初设计时的重点是应用程序检索和更新的效率。数据仓库则可以根据最终用户的观点组织和提供数据。

第二,它管理着大量信息。在应用系统中常常会删除一些应用程序不再需要的历史数据。而多数数据仓库则包含着所有的历史数据,再加上大量的当前数据需要管理,因此,数据仓库的容量远远大于一般的数据库。由于数据仓库必须管理大量信息,因而它就要提供概括和聚集机制来对巨大的数据容量进行分类。简而言之,数据仓库可以使用户在"森林中找到树木"。因此数据仓库要在粒度的不同层次上(at different levels of granularity)管理信息。此外,同样是由于数据仓库管理着大量的信息,所以数据仓库的数据往往存储于多个介质上。

第三,它跨越数据库模式的多个版本。前面提到数据仓库必须存储和管理历史数据,而这些历史信息是存在于不同时间的数据库模式的不同版本之中的,所以,有些情况下,数据仓库还必须处理来自不同数据库的信息。

第四,它可概括和聚集信息。通常,运作数据库中存储的信息对于作出决策而言会显得过于详细,有时甚至略显累赘,而数据仓库可概括和聚集信息,从而使其以人们更易于理解、便于接受的方式出现。

第五,它能从许多数据来源中将信息集成并使之关联。数据仓库需要管理本单位的历史信息,在操作的过程中会涉及多个应用程序和多个数据库,因此就要数据仓库收集和组织这些应用程序多年来在该场合获得的数据。这一任务具有极大的挑战性,这主要是由于存储技术、数据库管理技术和数据语义等方面存在差异的缘故。

通常数据库系统也称为联机事务处理(On Line Transaction Processing,OLTP)系统,其主要特征是允许多个用户开发修改系统中的数据。OLTP事务是一个工作单位,通常可以在很短的时间段内完成,由于采用实时或者在线方式处理数据库,所以下一个用户总是能够利用反映当前最新状况的信息。

OLTP系统的主要作用体现在以下几个方面:

第一,支持大量用户对数据库中的数据进行增加和修改。

第二,只存储组织的当前数据,对于历史数据不进行存储。

第三,包含了大量的逻辑,可以验证事务数据是否正确。

第四,数据结构极为复杂。

第五,负责回应组织的事务活动。

第六,为组织的日常经营活动提供技术基础。

OLTP 系统在应用于决策支持活动时会遇到各种各样的难题,诸如,对于复杂的结构,需要创建用于分析的特殊查询语句,而做好这些工作是数据库技术专家才能做到的;对系统中大量数据的分析汇总影响在线事务的处理速度等性能;当执行复杂的查询时,速度过慢会影响决策的执行;由于数据经常改变会对数据分析的一致性造成影响;安全性太过复杂。

数据仓库能够满足用户进行决策支持的需要,它可以解决上述问题。一般而言,在决策支持系统(Decision Support Systems,DSS)中,使用数据仓库可以执行以下工作:

其一,数据仓库可以把来自异构数据源中的数据整合成单一的数据结构。

其二,数据仓库可以按照简单的方式对数据加以组织,从而完成高效率的查询分析。

其三,数据仓库可以提供用于分析的、有效的、一致的、集成的、格式化的经过转换的数据。

其四,数据仓库可以提供业务历史稳定的数据。

其五,数据仓库可以根据确定的周期加载数据,而不是由频繁的事务修改数据。

在 OLTP 系统中,通常使用每秒钟完成的事务处理数或者每分钟完成的事务处理数来表示事务的吞吐量比率。在 DSS 中,通常使用每小时处理的查询数来表示吞吐量。由于每小时处理查询数的查询数量庞大,因此在完成之前会占用绝大部分的机器资源。通常,一个联机事务处理系统再大也不过是 300GB 左右,而一个大型的 DSS 的规模可以轻易地达到 1TB(1TB=1000GB)。

2. SQL Server 数据仓库功能及服务研究

Microsoft SQL Server 2005 是一个商务智能平台,具有构建网络数据仓库与数据分析的工具和功能。作为一个完整的商务智能平台,它所提供的基础结构和服务器组件可用于构建多种系统,如大型复杂数据仓库、小型报告和分析系统、低延迟系统、闭环分析和数据挖掘系统、扩展商务智能的嵌入式系统。

(1)Transact-SQL 数据仓库功能

第一,在数据类型方面。数据库中 Varchar(max)、nvarchar(max)和 varbinary(max)数据类型支持 2GB 的数据,对于数据库中 text、ntext 和 image 等各种数据类型非常有用,如在数据仓库中保存扩展的元数据和其他说明性信息将具有实用性。

第二,在分析功能方面。提供 ROW_NUMBER(返回结果集的连续行号)函数,该函数实现了原先一直要用存储过程来进行大数据分页的功能。提供 PIVOT 操作符与 UNPIVOT 操作符,它们为数据旋转提供了更为简单的机制,其中,前者可以按查询中的中断值旋转结果集,从而可以生成交叉数据报告;后者可以将一行拆分为若干行。提供递归查询,这是一种针对自联接表的查询。

企业级 ETL 应用程序提供了完全可编程的、嵌入式的、可扩展的数据仓库数据提取、转换和加载平台。

(2)分析服务

Microsoft SQL Server 2005 Analysis Services(SSAS)支持瘦客户端体系结构,其本机协议为 XML for Analysis(XML/A),具有联机分析处理(OLAP)和数据挖掘的功能。

Microsoft SQL Server 2005 Data Mining(数据挖掘)是一种商务智能技术,它有利于复杂分析模型的构建,并有利于该模型与业务操作相集成。数据挖掘应用程序实现了日常业务运营中数据挖掘模型的集成。许多数据挖掘项目将构建可供业务用户、合作伙伴和客户使用的分析应用程序作为其主要目标,而对于应用程序底层的复杂计算并不在意。构建数据挖掘模型、构建应用程序是实现上述目标的两个重要步骤,SQL Server 2005 Data Mining 使这一过程更加简便。Microsoft 2005 中数据挖掘功能可以构建出的工具应当具备以下特征:简单易用;具备完善的一整套功能;可轻松嵌入到产品应用程序中;紧密集成其他的 SQL Server BI 技术,以及能够扩展数据挖掘应用程序的市场。

由于 Analysis Services 具有可扩展性,第三方独立软件供应商(Independent Software Vendors,ISV)可以开发算法并将算法无缝地融入到 Analysis Services 数据挖掘框架之中。不同的算法适用于不同的数据和目标,并能用于解决多个不同问题。SQL Server 2005 中附带了最流行的数据挖掘算法。下面对其中集中算法进行简要分析讨论:

Microsoft Decision Trees(决策树)是数据挖掘算法中一种主要的分类算法,对离散和连接属性的可预测建模能起到良好效果。该算法进行模型构建时着眼于数据集中每个输入属性是如何影响预测属性的结果的,目标是找到一个输入属性及其状态的组合从而预测出所预测属性的输出结果。该分类算法也是各类分类算法中最直观的一种,通常作为数据研究的起始点。

Microsoft Naive Bayes(贝叶斯算法)在对分类和预测的数据挖掘模型进行构建时效果很好。贝叶斯算法是一种利用概率统计知识进行分类的一种算法。如果知道可预测属性的每种状态,便可计算出输入属性每个可能状态的概率。该算法只支持离散(不连续)属性,它认为所有输入属性都是彼此独立的(前提是知道可预测属性)。由于贝叶斯算法具有很快的计算速度,所以常常用于初始数据研究阶段分类和预测问题。

Microsoft Clustering 使用了迭代技术,它可以将来自数据集的记录分成若干个包含相似特性的簇。可以通过使用这些簇进行数据研究,找出彼此之间的相互关系,还可以从群集模型创建预测。

Microsoft Association 基于 priori 算法,解决了在大型数据集中查找多路关联的问题。Association 算法在数据库所有事务中循环,在单一用户事务中查找最有可能同时出现的项目。关联的项目被分到一起,放入项目集中,生成可用于预测的规则。Microsoft Association 通常用于购物篮分析。对于 Association 分析而言,执行大量"非重复计数"的关系或 OLAP 分析是一个值得考虑的选择。不过,Microsoft Association 算法在算法参数的选择上极为敏感,所以在对一些小问题的处理上,可能使用 Microsoft Decision Trees 算法进行购物篮分析会取得更好的一种效果。

Microsoft Sequence Clustering 结合了顺序分析与在数据研究和预测中使用的群集方法。顺序群集模型对事物发生次序很敏感。此外,群集算法还考虑到记录群集中的其他属性,可以开发关联顺序和非顺序信息的模型。通常情况下 Sequence Clustering 算法被用于执行点击流分析,能够起到分析 Web 站点的通信流量、识别与特殊产品销售关系最为密切的页面、预测接下来要访问的页面等方面的作用。

Microsoft Time Series(时间序列)使用 AutoRegression Trees 技术,简单易学,并可生成精确度极高的模型,例如,它能够创建可用于预测一个或多个连续变量(如股票价格)的模型。Time Series 算法的预测完全依据于在模型创建过程中从培训数据中推导得出的趋势。在该算法中有一条专门用于时间序列的统计分析规则。大多数其他数据挖掘产品都提供了如 ARMA、ARIMA 和 Box-Jenkins 等多项技术供统计师选择使用,从而确定出哪种技术更适合于相应模型的构建。Microsoft 选择了一种方法,既可使广泛的受众能够理解时间序列,又具备异常精确的结果。

Microsoft Neural Net 是一种人工智能技术,可以利用所有可能的数据关系。它主要用于数据研究、分类和预测,这一点同前面提到的 Decision Trees 与 Nave Bayes 是一样的,但是它又是这 3 个分类算法中最慢的算法,主要归结于它是一种非常彻底的技术。

在创建应用程序过程中最为困难的莫过于模型的构建、培训和测试过程,而实际开发应用程序是一个简单的编程过程。在开始构建数据挖掘模型之前,应当已经收集和清理了数据,这些数据极有可能位于数据仓库中。SQL Server 2005 Data Mining 可以从关系数据库或 Analysis Services 多维数据中访问数据。

大部分企业客户都将面向客户的数据挖掘应用程序实施为基于 Web 的 Win32 应用程序,如 ASP 页。数据挖掘模型业已构建完毕,而且应用程序也可以根据客户的选择或在 Web 商务应用程序中输入的内容,为客户执行预测。这可能是十分简单的应用程序;唯一不寻常的部分是发布预测查询。数据挖掘应用程序开发人员不一定由开发数据挖掘模型的人员承担。应用程序开发人员应具备一流的开发技能,而对业务或统计知识的需求则相对较低。Microsoft 的数据挖掘技术使构建自动化数据挖掘应用程序的过程得到一定程度上的简化。其中共有两个步骤:

第一,开发数据挖掘预测查询,其 DMX(数据挖掘扩展插件,是一种语言)语法在"数据挖掘"规范的 OLEDB 中定义。不需要手工编写 DMX,用户只需单击 Business Intelligence Development Studio 编辑器左栏上的"挖掘模型预测"图标即可。"预测查询构建器"图形化工具能帮助开发预测查询。

第二,在数据挖掘应用程序中使用预测查询。如果应用程序只使用 DMX 便可完成预测,则项目应包括 ADO、ADO. NET 或 ADOMD. NET 等类引用。如果正在构建一个更为复杂的应用程序,则需要包括更多的类。

(3)报表服务

SQL Server Reporting Services 组件能够创建、管理和交付传统报告和交互式报告,为信息的准确送达提供了方便,并且还为处理复杂苛刻的商业环境提供了必要的安全性和可管理性,扩展了 Microsoft 的商务智能发展前景。

Reporting Services 的属性具有多种优势:完整的、基于服务器的报告平台,为报告创建到报告部署的整个报告生命周期提供了支持;灵活可扩展的报告功能,为众多格式的传统报告和交互式报告提供了工具及技术上的支持;基于 Web 的标准化模块设计,可轻松扩展为支持高数据容量的环境;能够创建具有多个报告服务器的报告服务器场,为数以千计的 Web 客户端提供服务;与 Microsoft 产品和工具的